U0051926

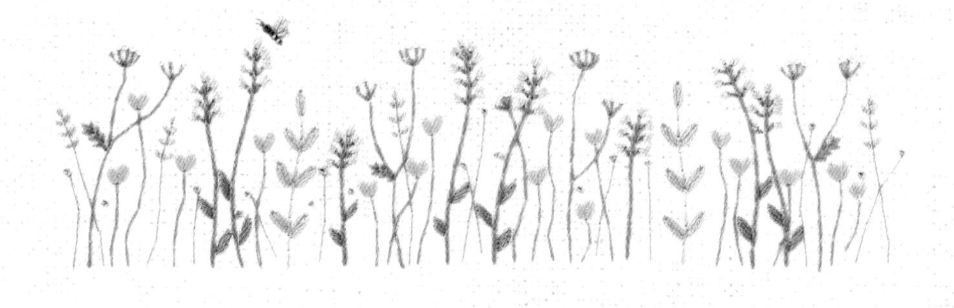

青木和子の
自然風花草刺繡圖案集

CONTENTS

SECTION I 繡花記事本

SECTION II 尋找靈感來源

SECTION III 生活中的小圖案

球根のひみつ

時計をこう

My Stitch Life

有時候在院子裡拈花惹草，

有時候待在工作室裡完全忘我地認真刺繡。

偶爾也會將院子裡的花花草草繡入作品中，

以花為靈感設計成圖樣，

創作出各式各樣的刺繡作品。

之前隨意塗鴉的素描草稿、

以及蘊釀多年的各種靈感，

全部收錄在這本書裡了！

如果愛花人士、喜歡刺繡的朋友

會喜歡這本書，將是我莫大的榮幸。

繡花記事本

記事本裡有原野素描畫，
也有花朵鑲飾的卡片。
還有依我喜歡的情境拼貼而成的刺繡作品……
只要有這本設計記事本，
任何造型的花朵刺繡都難不倒我。

HOW TO MAKE | PAGE52 |

繡花裝飾

這些繡花作品的盒子尺寸是 7 × 7 × 1.5cm，重約 15g。
因為盒子有厚度，就在側面繡上花的名字吧！
將它們排成一列，
創造像拼布般多樣的變化組合……
而且因為輕巧，還可以任意擺設於所有空間。

HOW TO MAKE | PAGE54 |

花紋圖案

主題是由原野中盛開的小花所集結的條紋圖案。
原本想挑戰嶄新的設計風格，成果卻意外成為懷舊風。
看著這些小花，不禁讓人想起兒時裙襬上的繡花圖案，
可換上別的顏色或其他種類的花朵，挑戰各式各樣的花紋圖案唷！

HOW TO MAKE | PAGE56-58 |

小小花圈

這款包身側面的花圈是蓋印上去的唷！
先印好花圈，再繡上幾朵花，便大功告成。
利用深淺不同色調的綠色系印色，呈現出美麗的漸層色感。
特意不全部刺繡，運用了其他技巧搭配點綴，
這也是創造各種設計變化的樂趣之一。

這是試作作品。疊在美麗的淺綠色毛氈布上，創造異素材混搭的手作設計。

HOW TO MAKE | PAGE62 |

讓人心生憐愛的玫瑰

五月的庭院是百花爭奇鬥豔的季節，
所有的玫瑰花都盛開了，
就獻給心愛的玫瑰花一頂后冠吧！
邊框的顏色請與花朵一致，
若是黃玫瑰，就選芥黃色；若是粉紅玫瑰，略深的粉紅色是最佳選擇；
如果是藍玫瑰，就搭配紫色或藍色如何？

HOW TO MAKE | PAGE59-61|

將拍好的玫瑰花照片收藏於相簿裡。

Garden joy
Amazing
Grace....
Don't let

蒲公英拼貼繡

因為雜誌中的蒲公英棉絮照片拍得太美了，
於是取出現有的布料拼拼貼貼，想要挑戰成刺繡作品，
沒想到一直不曉得該用何種方式表現輕柔的棉絮，
最後只好半途而廢，沒有完成。
卻在某天，靈光乍現，照著突如其來的好點子，幾下子的工夫便完成了！
在設計作品時，一定要衡量自己的能力，否則只是空歡喜一場呢！

HOW TO MAKE | PAGE 64-65 |

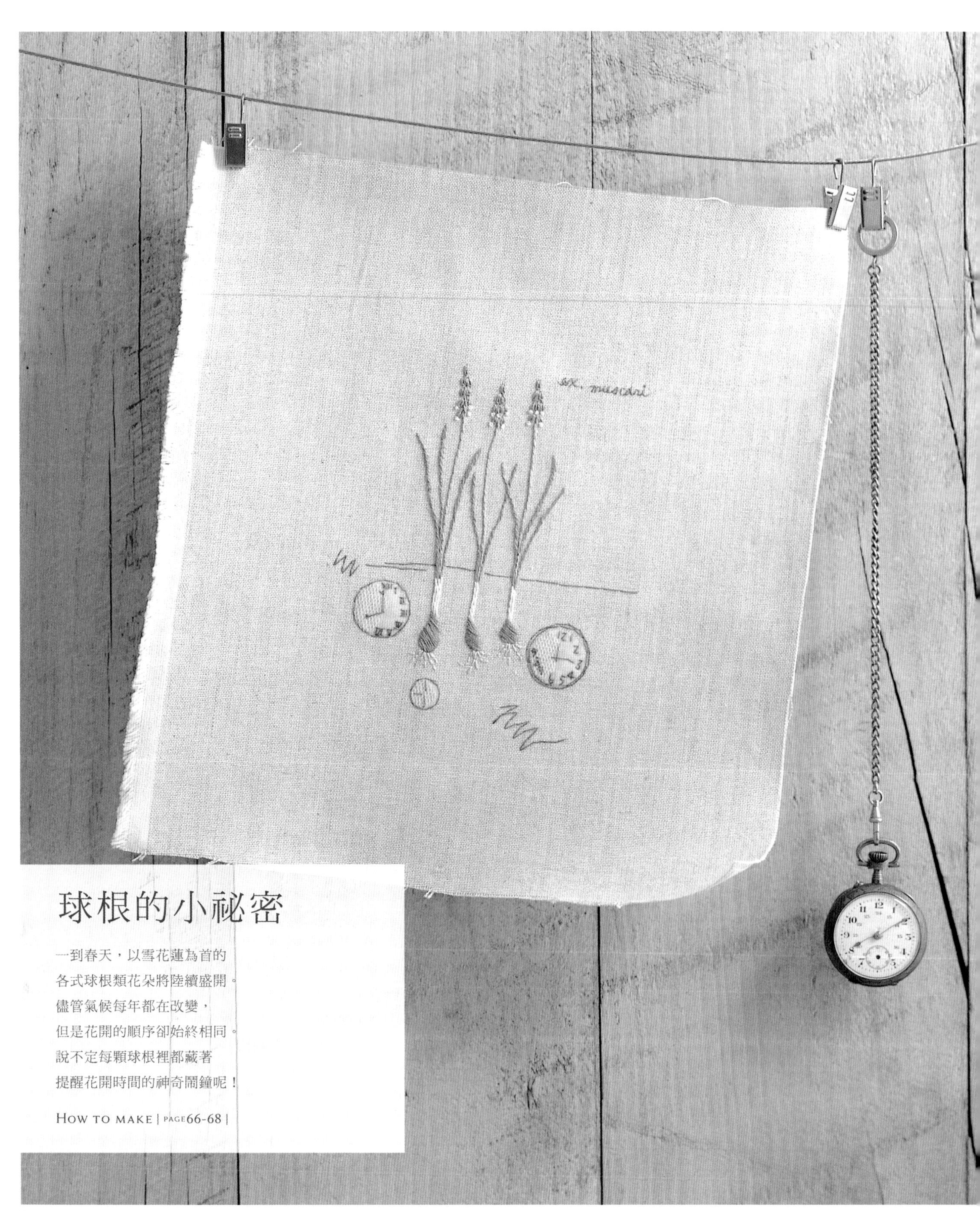

球根的小祕密

一到春天，以雪花蓮為首的
各式球根類花朵將陸續盛開。
儘管氣候每年都在改變，
但是花開的順序卻始終相同。
說不定每顆球根裡都藏著
提醒花開時間的神奇鬧鐘呢！

How to make | PAGE66-68 |

將浮現腦中的球根與鬧鐘以素描打草稿，
再依據素描縫上刺繡。

Pea

甜豌豆花異想世界

我總覺得自己是很有想像力的人。
不過，最近卻意識到，
應該不是「想像力」，而是很有「幻想力」吧？
就拿甜豌豆花來說，
它的香味濃郁，花瓣分明且優雅，蜷曲的鬍鬚是其魅力所在。
就像美麗的芭蕾舞者一般跳著舞……當我看得入神時，
竟覺得甜豌豆花愈長愈高，快要伸展到天際了！
這不是《傑克與魔豆》的故事情節嗎？
如果院子裡的甜豌豆全都長高了會是什麼情況？
整座庭院會瀰漫著濃郁的花香吧？
於是，將這段幻想情節全部描繪，收入記事本裡。

HOW TO MAKE | PAGE70-71 |

應用作品是造型簡潔的杯墊

「我的刺繡工作室」

一整片窗戶與天窗的設計，讓室內常保明亮。
工作臺是由兩個70×140cm的桌子所組成。

若是一般的小型刺繡作品，都是在與廚櫃材質一體成型的屋裡餐桌上完成；若是大型作品，就必須待在專用工作室裡完成設計與製作了。我的工作室位於院子的一角，為了可以舒適地工作，對於室內的採光、收納空間、作業空間的配置我都有特殊的要求。

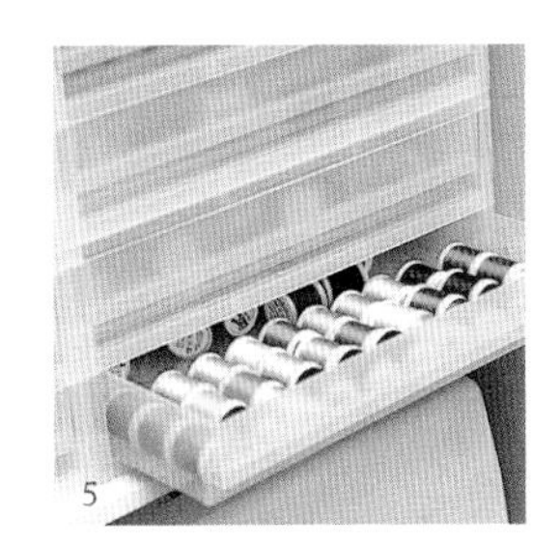

工作室的收納重點是各種顏色的繡線與布料。我不是收納高手，不擅長將東西收納得太精細，所以只大略地依顏色分類，使用竹籃與抽屜收納。天然亞麻布等刺繡作業必用的布料則收納於木箱，數量甚多，但是只要決定了固定的收納場所，就不會顯得凌亂。工作室有一整面的牆便擺著收納這些籃子、箱子、抽屜的櫃子。常用的物品擺前面，不常用的就收納於後面；至於收納箱或抽屜，選擇合尺寸、可以後續補充的款式。

每當完成一項作品，就要先收拾好，才能再取出下一項作品所需的材料，完成了便馬上收拾……一直以來都重複著同樣的工作順序。工作室保持整齊有條理，腦子才可以獲得淨空，如此便能再激盪創作出下一個作品。

1．4．5　繡線的收納區
置放化妝品的分層架可收納用過的繡線，特殊材質的線材或麻線則收納於盒子裡，都是依顏色分類收納。車縫線則收納於方便拿取的抽屜盒裡。

2　布料的收納區
使用木箱依顏色分類收納。木箱是在無印良品買的，它的尺寸剛好跟櫃子的深度吻合，感覺相當整齊。

3　新買繡線的收納區

6　辦公抽屜的設計雖然很單調，但拿來收納紙張既不會產生摺痕，用來收納小型作品也很方便。

7　心愛的剪刀。右邊算起第二把剪刀是 Henckels Classic 的剪刀，是裁剪貼布繡等細膩作品的便利工具。左邊算起第二把剪刀是越前屋剪刀，其刀刃是反貼設計，是最後修整繡線的必備工具。

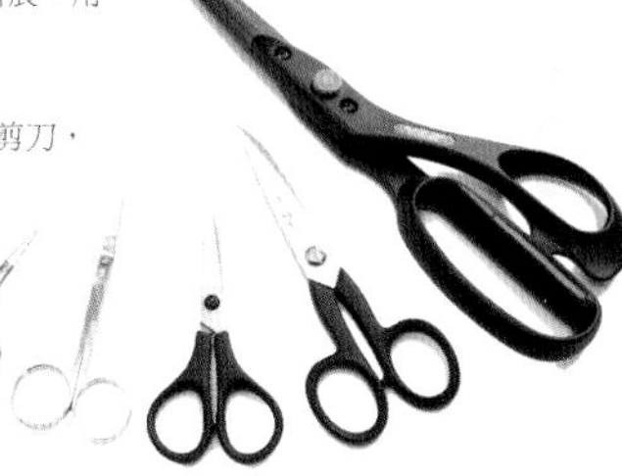

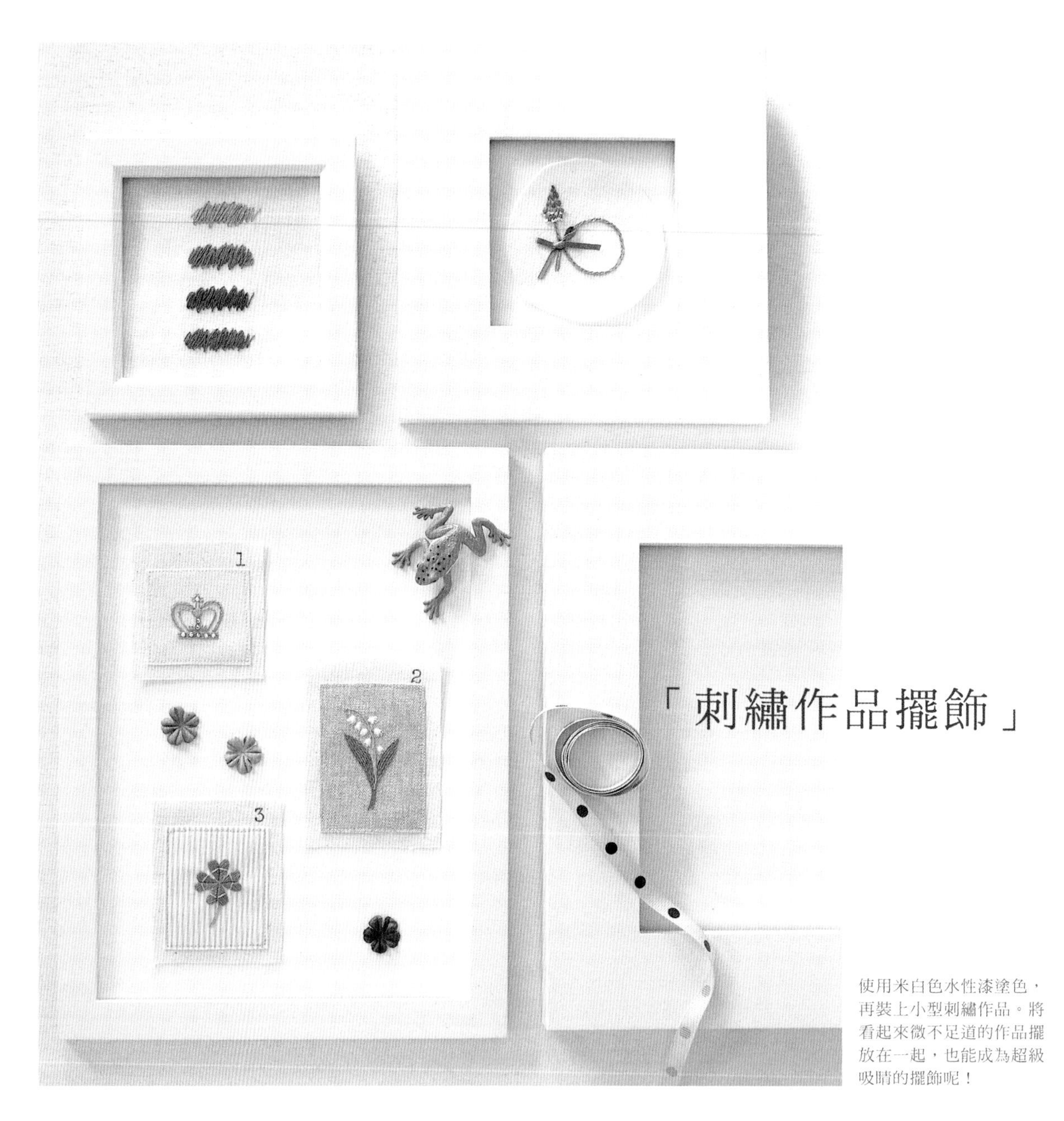

「刺繡作品擺飾」

使用米白色水性漆塗色，再裝上小型刺繡作品。將看起來微不足道的作品擺放在一起，也能成為超級吸睛的擺飾呢！

手邊是否有各式各樣、大小不一的相框呢？如果將它們漆成同一個顏色，便是陳設刺繡作品的最佳裱框！不一定只擺一個大型刺繡作品，好幾個小型刺繡作品合裱在一個相框裡，也別有一番風味，隨意掛在牆上，感覺就像是展覽會一般。

1 建議選擇有深度的相框。這裡剛剛好可以放下一個P.6至P.7的箱形刺繡作品。作品雖小，也能確實展現立體感。

2 在IKEA買的細隔板。細隔板安裝在牆上後，就可用來展示畫板刺繡作品。

1

我另一個喜歡的刺繡擺飾作品的方法如右圖所示，使用箱型框收納作品。將紙板挖成窗形，再放進刺繡作品，這是相當傳統的擺飾方法，此種裝飾法會讓作品具有深度，再以畫板鑲飾，就能塑造俐落簡潔的立體感。P.18的甜豌豆作品便是以此方法裝飾，刺繡不直接貼於底板，而是貼在厚度約 5mm 的畫板上，以彰顯作品的立體感。更簡潔的裝飾方法則可如下圖，直接將畫板陳列擺飾。利用此種方法進行裝飾時，比起單擺一個作品，好幾項作品排列在一起，更能彼此輝映。

進階版的擺飾方法如左頁所示，利用大小不一的相框擺飾。這個方法是從外文的居家裝潢書中學來的喔！使用各種不同尺寸的紙相框擺飾的竅門，在於必須有一至二處的線條是統一的，若進一步將相框漆成同色系，更容易創造統一感。

相框種類繁多，每一款對作品的修飾效果不盡相同，不妨多方嘗試看看。

2

上花藝課見習如何裝飾花朵吧！

為了想知道更多的花朵搭配法，希望僅僅是利用自家庭院盛開的花朵，就能布置出美麗又洗鍊的插花作品，我決定開始去上花藝課。

第一堂課的作品主題是充滿秋天氣息的姬蘋果花束。光是這堂課就讓我認識了形狀就像肥厚雞冠的久留米雞冠花、黃色蘭花、景天植物等等平日從未想過可以當作花材的陌生花兒們呢！

HOW TO MAKE | PAGE72 |

尋找靈感來源

每天每天都只是在家、工作室、庭院之間穿梭度日，
總會想著要接觸不同的環境和世界。
對於從事設計工作的人而言，走到戶外接觸廣闊原野，或到市區逛街、欣賞櫥窗擺設，是非常重要的事，我常常從這些不經意的風景中獲得有趣的靈感。
讓設計視野更開闊的旅行，以及到處收集來的心愛物品都是我的靈感刺激來源喔！

透過花朵配置、配色與質感營造對比感，設計成圓形的花束。
於是，一個前所未見的花朵世界就完成了。

HOW TO MAKE | PAGE 73 |

善用剩餘花材

上花藝課時，I老師說：「只要有剩餘花材，就可以作成花圈。」
接著，老師便將含羞草樹枝繞成圓形，
兩三下工夫便完成了可愛的花圈作品。
不只是含羞草，任何的剩餘花材都能試試看喔！

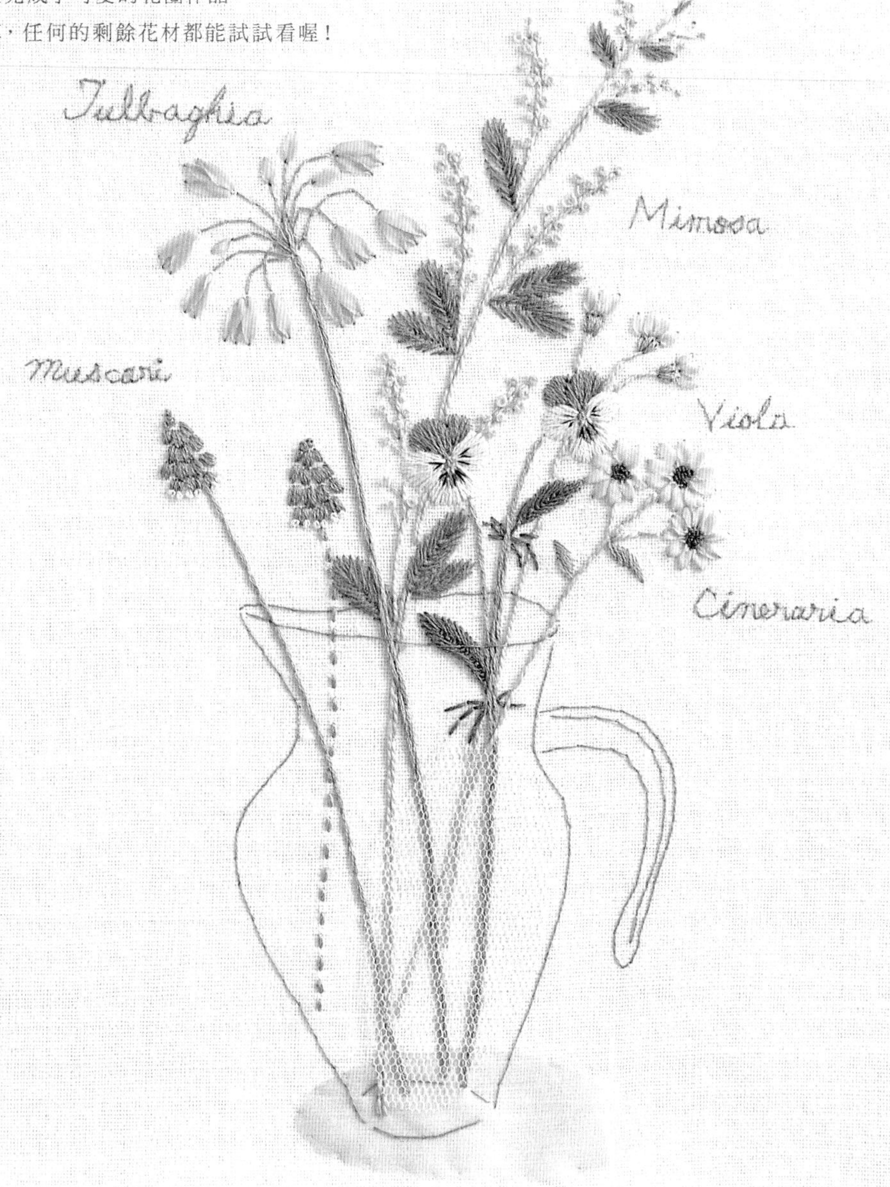

HOW TO MAKE | PAGE74 |

Inner Sketches

－紫竹花園 · 花之旅－

〔旅行素描〕

我好喜歡野花盛開的原野。看電影時，若出現原野花海的景象，總會忍不住想實地造訪。

終於，我造訪了從以前便相當喜愛、位於北海道的野花庭園「紫竹園」。這幅是我參考在原野散步時所畫的素描設計而成的刺繡作品。

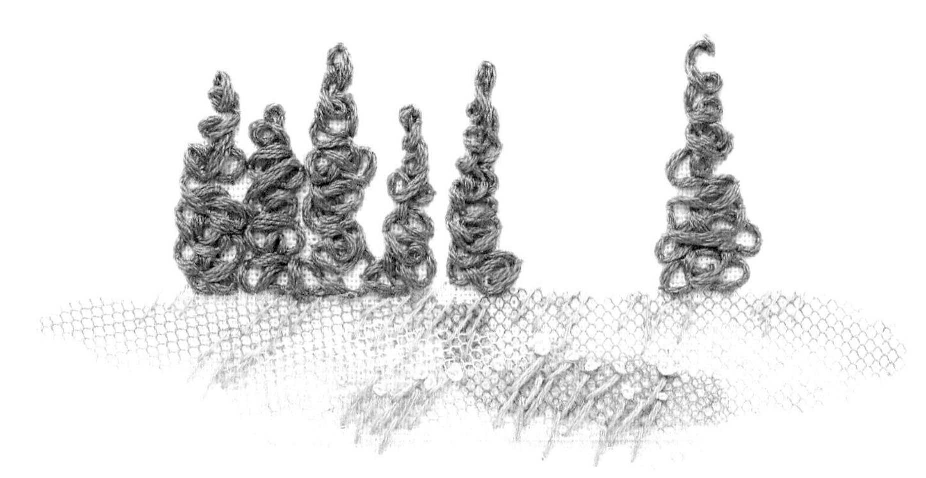

上　造型可愛，而且足弓彎度剛剛好的舒適長靴。

下　野花庭園四周為樹木所環繞。

How to make | PAGE 83 |

紫竹園位於帶廣郊區。前往紫竹園途中，一路上都是形似洋甘菊的矮株小花沿途盛開綻放。

紫竹園依主題別分成好幾個庭園栽種花朵，腹地雖然寬廣，但是感覺就像在逛自家庭園般舒適自在。庭園的創始人是位女性，她的心願就是「想創造一座在北海道，野花到處盛開的庭園」，這個理想也被沿襲至今。讓人看了神清氣爽的飛燕草、嬌豔迷人的玫瑰與鐵線蓮正綻放著，這裡就是最吸引我的「野花庭園」。此處只有播種時是人工作業，後來的發育完全任其自由發展。

沿著研缽形狀的庭園往下走到最裡面，倏地映入眼前的是一大片野花美景。紅色罌粟花與茂綠草地形成美麗的暈染景色，儘管是白天時刻，眼前景致卻讓人覺得彷彿置身夢遊仙境般妙不可言。

聽人家說過「逛紫竹園必須穿著長靴」，這趟旅程的每一天，我都是穿著借來的櫻桃圖案長靴搭配Helen Kaminski草帽，手裡一定拿著記事本與相機在庭園裡往來穿梭。

當我置身其中，眼前所及盡是矗立於高空下、隨風搖擺的野花叢，深切地感受到原野的魅力，整顆心也因此雀躍激盪著。

盛開於原野的花兒們。由左上起順時針依序為夏枯草、散發蘋果香的同花母菊、紅花苜蓿與苜蓿草的交配種植物、粉紅色鋸齒草、韭菜花。

Inner Sketches

－紫竹園・花之旅－

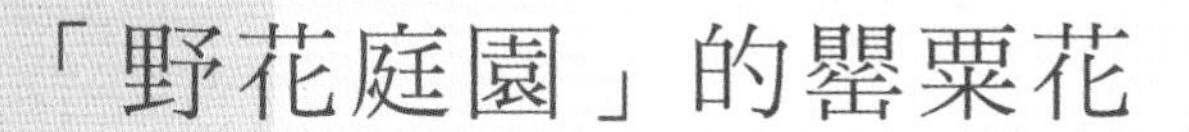

「野花庭園」的罌粟花

紫竹園的「野花庭園」是一個長滿各式花朵的自然原野。
每一年，生命力強韌的種子都會綻放出美麗的花朵，
每一區的花朵種類皆不盡相同。
罌粟花與羽扇豆、多花菊及鋸齒草一起綻放，
紅色、藍色、黃色、白色……各色花朵爭相競豔。
不過，這幅作品並非依照當時各種植物的自然配色與比例，
而是以最吸睛的罌粟花為主角，布置出我心目中理想的「野花庭園」。

HOW TO MAKE | PAGE69 |

「林奈與野花的對話」

瑞典植物學家林奈（Carl von Linné；瑞典語則為 Linnaeus）是為動植物建立完整分類體系的生物學者。他所創立的分類法「二名法」是給每一種動物或植物一個專屬的拉丁學名，這個學名是由屬名與種名兩個單字組合而成。學名上的記載如果出現「L.」，就表示是由林奈所命名。

在林奈冥誕三百歲的紀念活動，讓我有機會親眼接觸平日無法參觀到的肖像畫與他的書籍。我仔細觀察林奈的肖像畫，畫下了他採集植物時的打扮與工具，還發現他的工具盒是有圖案的，而且手裡一定拿著林奈草。為何他要為外觀如此楚楚可憐的小花以自己的名字命名呢？我完全徜徉於自己的想像世界中。

林奈的故鄉是瑞典南部的斯莫蘭（Smaland），我曾經造訪過該地。那裡的房子是平房，鋪著草皮屋頂，附近立著五月柱（maypole）。現在草皮屋頂已成為屋頂綠化的一環而備受矚目。不但在對抗全球暖化對策上，草屋頂具有有隔熱效果，而且屋頂就像是一片原野與景色連成一片，相當美麗。

上　影印造訪時的入場券，作成貼布繡當裝飾。
左　肖像畫中的林奈手持林奈草，有時會將草插在鈕眼洞裡。

瑞典的夏日甚短，所以，當春天來臨時，百花會瞬間一齊綻放。
因為白晝時間長，可以在一天裡便觀賞到花草明顯的生長狀況。當我看到森林或原野裡競相盛開著香菫菜或不知名的花草，剛開始覺得很不可思議，不過這些植物全是北歐原產的野花呢！
瑞典鄉間的植物種類相當豐富，只是一邊散步一邊採集，就能將摘下的小花變成美麗的花束。或許是因為在這裡與那麼多的野花邂逅，林奈才會如此熱切追求更多關於花草植物的知識吧！

上　傳說在夏至之夜，摘了七種野花置於枕頭下睡覺，會夢見未來伴侶的模樣。
依號碼順序，分別為法蘭西菊、不老草、風鈴草、野胡蘿蔔、毛茛花、西洋松蟲草、紅花苜蓿。

下　夏至祭典時，使用白樺樹與野花纏繞而成的五月柱，又稱為「仲夏柱」（midsummer pole）。

HOW TO MAKE | PAGE76-79 |

Inner Sketches

－北歐異想世界－

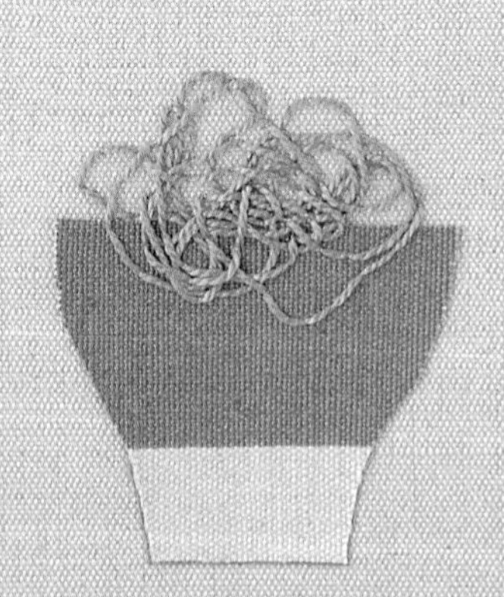

HOW TO MAKE | PAGE 80 |

喬布斯工房的布

位於瑞典中部達拉那(Dalarna)的喬布斯工房(Jobs Handtryck)以生產手工印染高級亞麻布而聞名，擅長將美麗的自然圖案印染於亞麻布上。即使只是手握著一小塊布，也會覺得幸福滿溢。若你也對於種植盆栽、苔玉球感到興趣，不妨將喬布斯工房的布料貼於花盆，營造充滿日式風情的瑞典風格盆栽。

HOW TO MAKE | PAGE 82 |

小樹枝刺繡集

打掃庭院時，突發奇想將掉落地上的小樹枝排列組合，就這樣排出了二十六個英文字母。
巢裡有顆鳥蛋的圖案包裝紙，也化為刺繡的小巧思，這些禮物包裝紙圖案常常啟發我的創作靈感。
不同種類的鳥兒，建造的小窩也是各有造型，
若是知更鳥，或許還會偷偷地將祕密之鑰搬來給我唷！
待鳥兒築巢材料蒐集完後，小樹枝刺繡集也完成了。

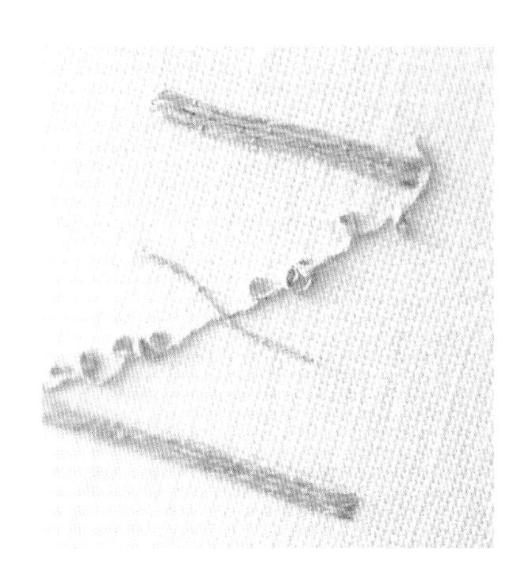

生活中的小圖案

不妨將日常生活中所邂逅的任何小事物都化成刺繡作品吧！
無論邂逅任何事物，就算是再普通不過的東西，
我都想挖掘它的「美」。
或許變換一下顏色，或是將數種小物予以集結，
便能再設計出全新的刺繡作品。
所以只要看到喜歡的圖案與小物，我都會蒐集起來。

HOW TO MAKE | PAGE84 |

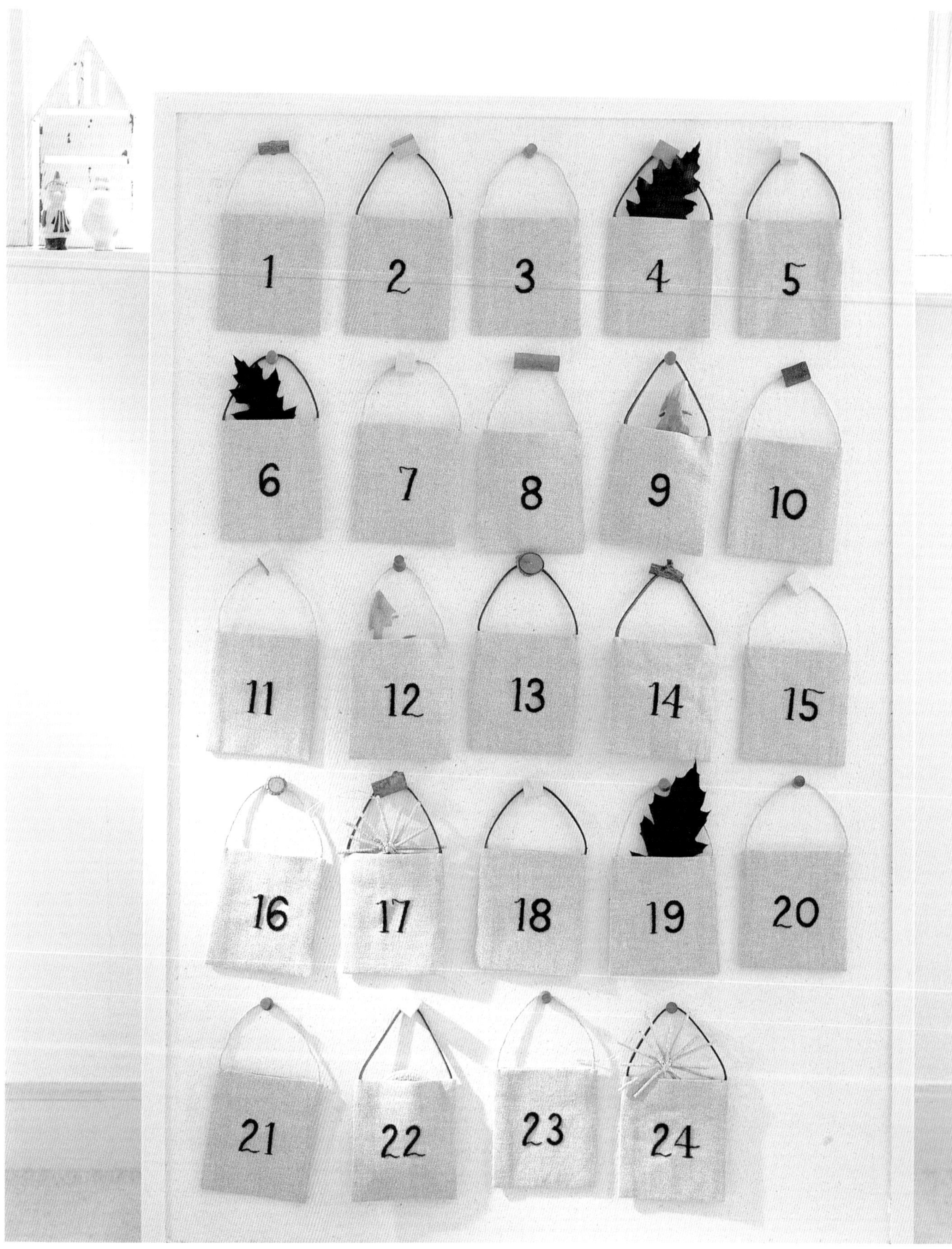
1
2
3
4
5
6
7
8
9
10
11
12
13
14
15
16
17
18
19
20
21
22
23
24

耶誕月曆

只要掛上耶誕倒數月曆，就會讓期待佳節到來的心情更強烈。
作法十分簡單，經過一番設計和考量以後……
我作成繡上數字的小袋子。
只作了二十四個，掛在聖誕樹上裝飾應該很可愛吧！

HOW TO MAKE | PAGE85 |

Good Luck 圖案

雖然只是一個小小的圖案，
卻往往發揮畫龍點睛之效，這正是刺繡的魅力。
若還挑選幸運物繡成圖案，我想會讓人更開心吧！
於是我挑戰了從未繡過的馬蹄鐵與十字架。
也可以將好幾個圖案組合，將它變成條紋飾邊或花圈。

HOW TO MAKE | PAGE51 |

1
1'
2
3
3'
4
5
6

Yellow & Black Collection

這個作品是以顏色為主題，蒐集各式圖案集結而成。
自然界的事物當然有其固定色彩，但不妨換成別的顏色，瞧瞧它會變出什麼新鮮模樣，也是一種有趣的創作。
這次挑戰了黃色搭配黑色，這是我從未嘗試過的配色，想不到可以輕易搭配出這麼多的圖案，還洋溢著淡淡的北歐風情呢！

HOW TO MAKE | PAGE86 |

My Stitch Life

番外篇

「其實，我很喜歡石頭。」

我喜歡石頭。常常將在住家附近或是旅途中發現的石頭帶回家，並且應用於刺繡。只要仔細觀察石頭，就會發現因為構成物質的不同，每個石頭的觸感與紋理各有特色。有的石頭像拼圖，裡面包了滿滿的小沙子，有的石頭表面會有小小的浮粒，光是思考該如何以刺繡作出石頭的質感，也是樂事一樁。

因為喜歡蒐集石頭，所以變得勤於園藝工作，而漂亮的庭園更刺激創作靈感。說不定哪一天我會因為喜歡石頭，而成為園藝家兼刺繡設計師呢！

石頭的作法

選擇呢絨材質，有著石頭質感的亞麻布為表布，裡布則是利用薄料毛衣或棉質針織布的零碼布。準備兩片表布，每片表布剛好覆蓋石頭的半邊，配合布料顏色，準備二至三種顏色的繡線，以不刻意追求整齊無瑕的緞面繡、直線繡等隨性的方法刺繡，剩下的零碼布也可用來創造石頭表面的質感。

裁布時則是依石頭形狀裁剪，先包覆下半部，布端不必剪掉，內摺後大略地藏針縫合；上半部的布端則是摺入 0.5 公分，與下半部的布邊進行藏針縫合即可！只要一開始動手作，不知不覺就會變得十分熱中喔！

我的作品並無特殊之處。

只是自己喜歡觀察身邊事物，常常一不留神會看到入迷。

一朵花、一顆石頭，就可以讓我的想像力無限擴張，

於是，我想製作一個可以收藏靈感的抽屜，

「繡花設計記事本」就這樣誕生了。

製作前的使用說明

【作法說明】

・圖案中標示的⑤，是指5號繡線。除了5號繡線、麻線，其餘的全是指25號繡線的色碼。

・縮小的圖案只要依指定倍率放大，就是原寸大小。

【繡線與針】

・25號繡線是由六股細線捻在一起，請按照指定的股數捻合使用。

・5號繡線與麻線是以一股線刺繡。

・緞帶是指捲曲直針繡用的緞帶。

・繡線與針的搭配非常重要。5號繡線適合No.3或No.4的繡針；使用25號繡線1股時，務必使用細針；捲曲直針繡請使用專用繡針。

【圖案描繪】

圖案使用描圖紙描繪。將單面粉土紙、描圖紙放在布料上，再疊上透明膠膜，使用專用描圖筆或原子筆描圖。疊上膠膜是為了預防粉土紙破掉，如果是小面積、小圖案的刺繡，亦可直接以粉土筆於布上畫圖案。請務必選擇日後可以消去或自行消失的的粉土筆繪圖。

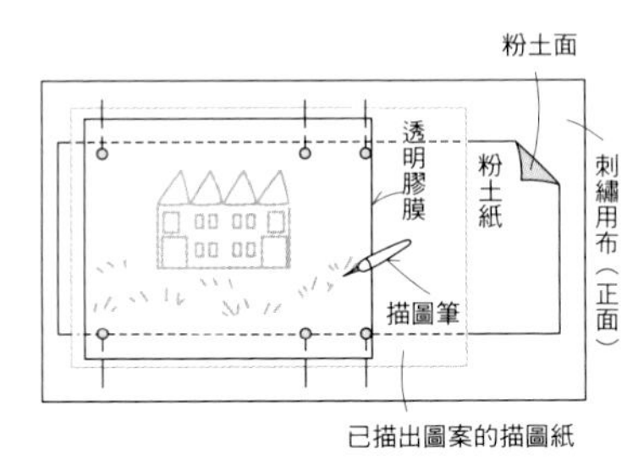

【美化作品的小訣竅】

・刺繡用的底布背面須貼上布襯。

貼了布襯後，穿過內裡的繡線就不會影響到布料表面的美觀，讓成品更加美麗。材料欄標示的布襯並無特別指定材質或品牌，只是要貼於底布而已。

・貼布繡必須使用奇異襯。

貼布繡的布料背面貼上雙面膠襯，依照紙型裁剪布料，使用熨斗貼合。

而本書P.25或P.35的作品，是將貼布繡貼合於蟬翼紗上，熨斗不能直接碰觸蟬翼紗，需以熨斗尖端小部分熨燙。

・刺繡時，將布料繃緊於繡框上，就能便捷地刺繡。最常見的是圓形繡框，有各種尺寸規格，請依作品大小選擇；若是拼布之類的大型作品，則使用文化繡用的四方形繡框。

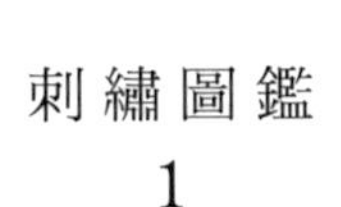

刺繡圖鑑 1

平針繡

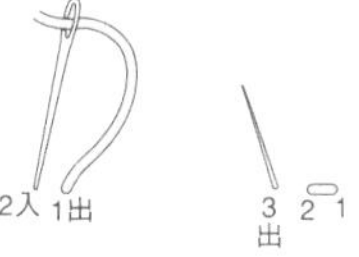

每一針間隔相同。

輪廓繡

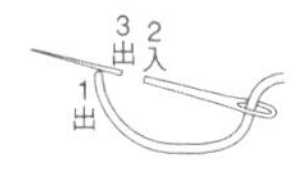

從1出針，線置於下方，在2入針，從1至2距離的中間點3出針。

依等間距離，由左朝右依序刺繡。

變化針趾長度或線的疊合方式，可以展現不同的粗細感。

回針繡

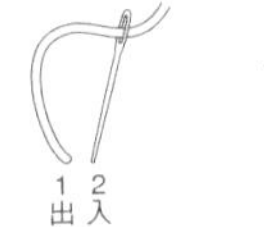

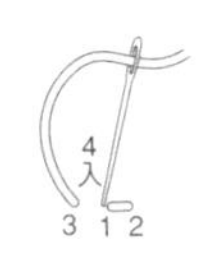

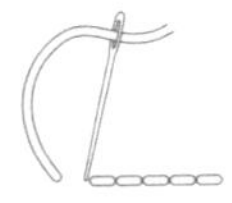

同回針繡的針法，依等間距刺繡。

直線繡

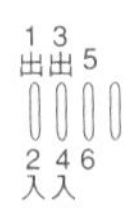

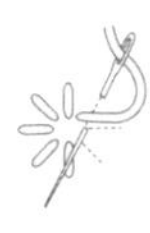

一針就能完成的縫法。變化針趾長度，呈現各種形狀。

雛菊繡

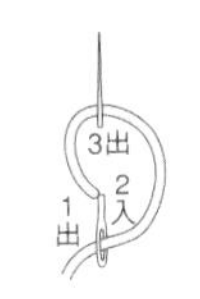

從1出針，在2（與1同位置）入針，最後於3出針，線繞過針。

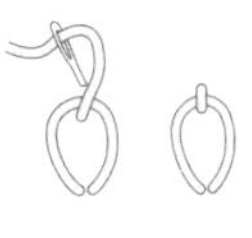

從3出針後拉線到底，再以一個小針趾入針固定線圈。

最後一針的針趾愈長，作品形象也會改變。此外，在繞線圈時，可以依喜好繞成圓形或細長形。

鎖鍊繡

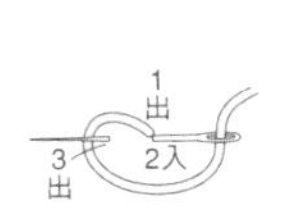

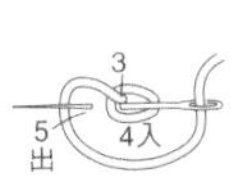

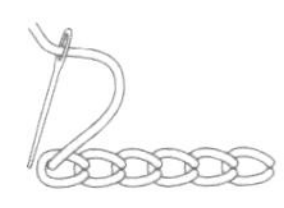

要領與雛菊繡相同，繡成一列即成。注意繡線必須是從上面，依相同方向刺入，最後以小針趾入針，固定後打結。

途中需要接線時

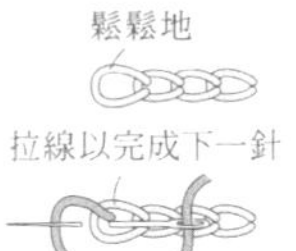

刺繡到末端，維持鬆鬆的線圈，不須於背面固定，使用新線出針再入針後，從背面拉線以調整針目大小，處理線頭。

法國結粒繡

捲1次

從1出針並繞圈，在距離1旁邊約一至二個布紋的2處入針，1與2不是在同一點。

直立入針，打結收線。從背面出針拉線。

捲2次

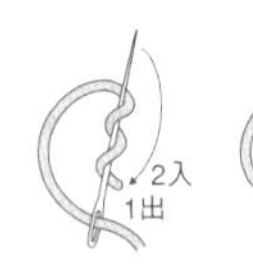

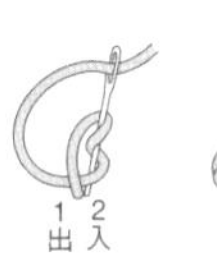

捲的次數愈多，結粒愈大。

刺繡圖鑑 2

釘線繡

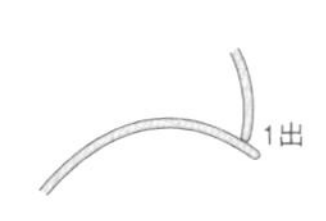

從圖案的端點出針，線沿著圖案輪廓擺好，再以另一條線從1出針。

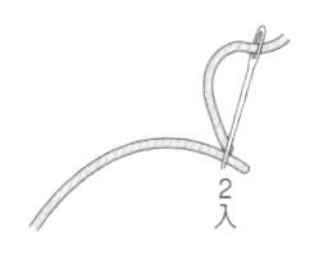

從直角方向繞過置於輪廓上的線，在2入針。

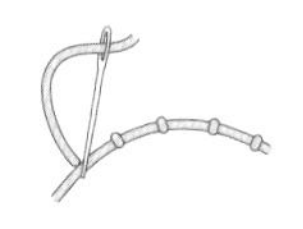

依此方法，等間距地繞過輪廓線刺繡。在本書中，如無特別指定，使用與輪廓線同顏色的25號繡線1股固定。

緞面繡

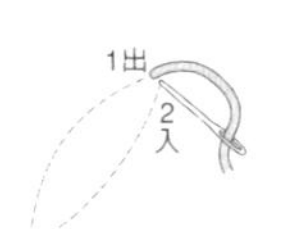

從1出針，沿著圖案輪廓在2入針。

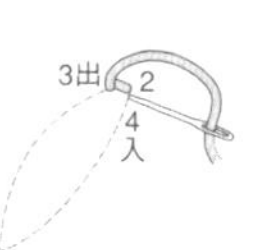

依照圖案輪廓變換針趾長短，以相同方法平行且密實地填滿圖案。

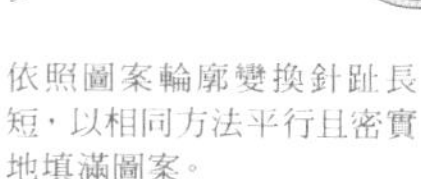

長短針繡

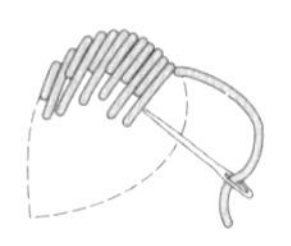

與緞面繡相同要領，使用長直針與短直針交互填滿圖案。

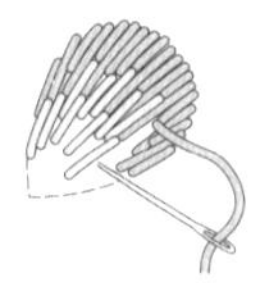

從第二排開始，像要將前排的線分開般，少部分位置重疊地入針，如此可繡出整齊感。

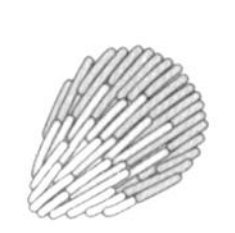

針趾呈不規則狀，沒有統合感。

毛邊繡

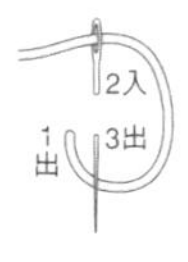

從1出針、2入針，在3出針後，線繞過針頭拔針。

繼續進行

結束時打個小小的終縫結。

途中需要接線時

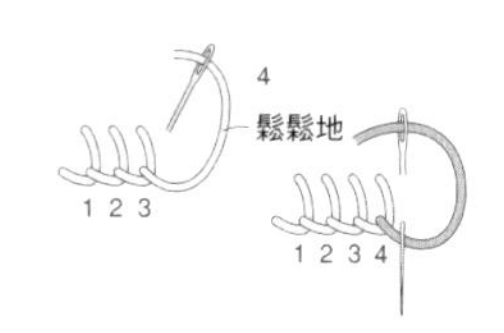

上一針結束時，維持鬆鬆的繡線，不需於背面固定，使用新線縫一針，再從背面拉線，調整針趾大小，收拾線端。

飛鳥繡

從1出針，在2入針、3出針，線繞到針頭下方。

出針拉線後，以短針趾在4入針，如此形成Y字形，然後繼續刺繡，繡成葉子形狀。

裂線繡

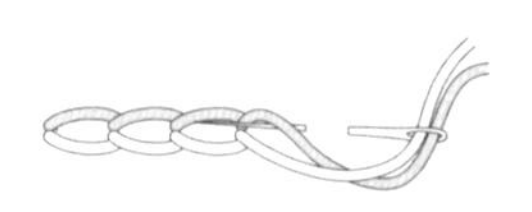

基本方法與回針繡相同，將前一針趾的線分開後出針。若是兩股線，則如上圖所示，從兩條線之間出針；若是三股線，就從中間那條線的中間出針。

捲曲直針繡

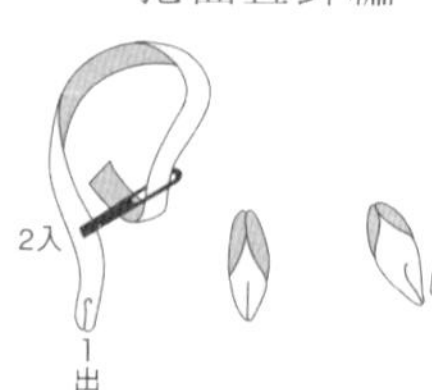

針刺入緞帶正中間。

Good Luck 圖案

｜材料｜

線材 —〔COSMO繡線25號〕綠色117、2118・黃色574・棕色386、476・紫色2663、2664・紅色857・白色100・灰色152A、895

布料 — 原色、淺紫色等（參考照片選擇適合顏色）

其他 — 直徑0.2cm的水鑽（皇冠、十字架、鑰匙、馬蹄鐵）

完成尺寸 — 參考原寸紙型

ONE POINT — P.43請配合完成的圖案大小剪裁布料，再縫於原色布上並蓋印。

刺繡圖案（原寸大）

・除指定處之外，25號繡線皆為3股。
・釘線繡是同色25號繡線1股。
・使用串珠專用強力接著劑貼水鑽。

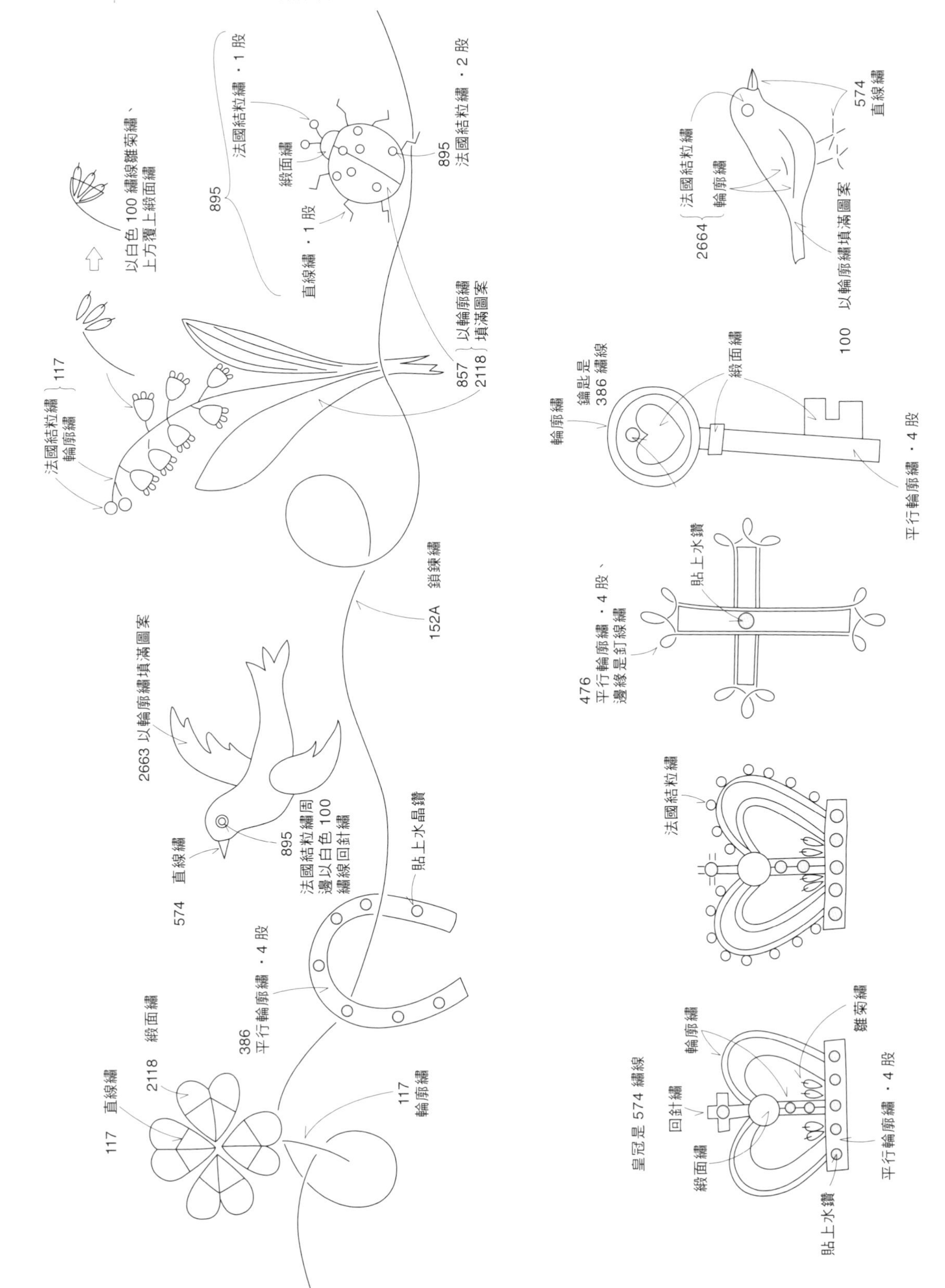

PAGE 6

繡花記事本

｜材料｜

線材 —〔COSMO繡線25號〕綠色118、317、318、324、326・粉紅色222、483、814、853・黃色700、2702・紫色663・白色141・灰色890、893、894・咖啡色310 〔5號〕綠色118、317 〔麻線〕綠色82 〔MOKUBA刺繡用緞帶〕No.1540（3.5mm）白色386・粉紅色114（書籤用）

布料 —紅棕色亞麻布72 × 27cm・米白色亞麻布90 × 60cm・貼布繡用原色、米色、條紋各少許（參考照片・圖片）

其他 — 布襯（厚）72 × 27cm、（中厚）90 × 60cm

完成尺寸 —34 × 24.5cm

ONE POINT —原野部分先繡花莖、綠葉，最後繡花。

尺寸圖

・（ ）內留下縫份再裁剪。
・封面貼上厚布襯，內頁貼上中厚布襯。
・封面、內頁四個角落剪成圓弧形。
・內頁所用的兩片布料先裁大一點，等刺繡完成再依原寸裁剪。

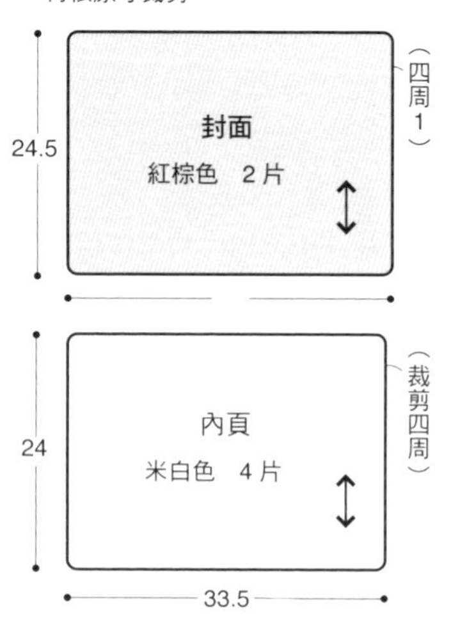

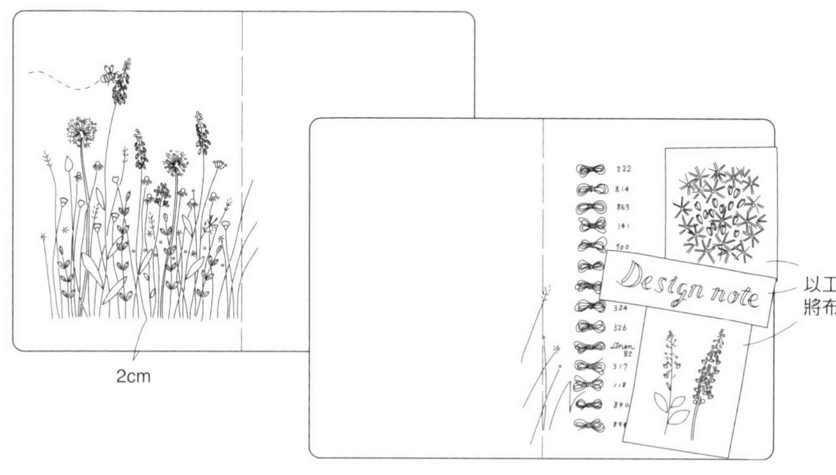

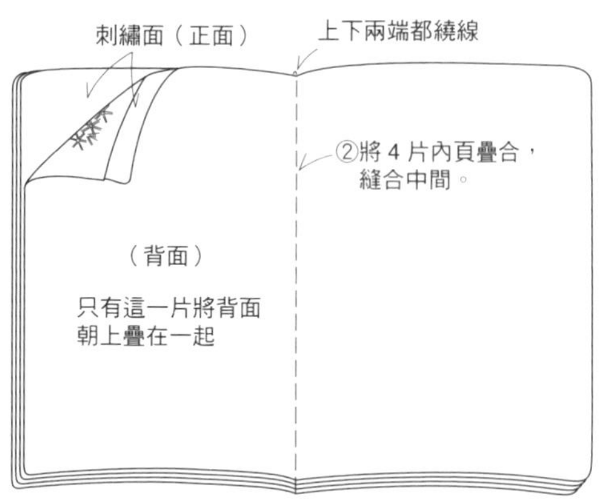

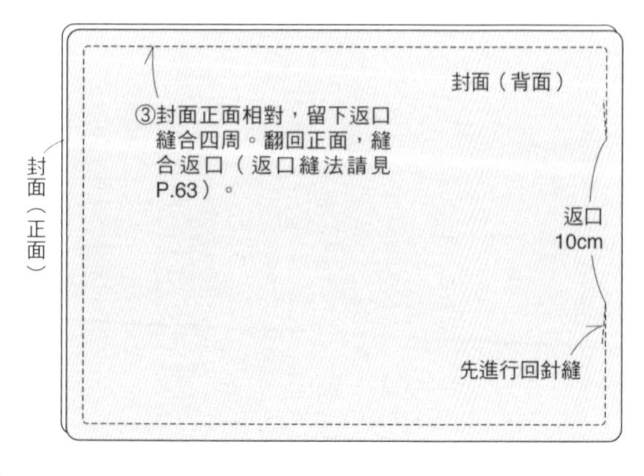

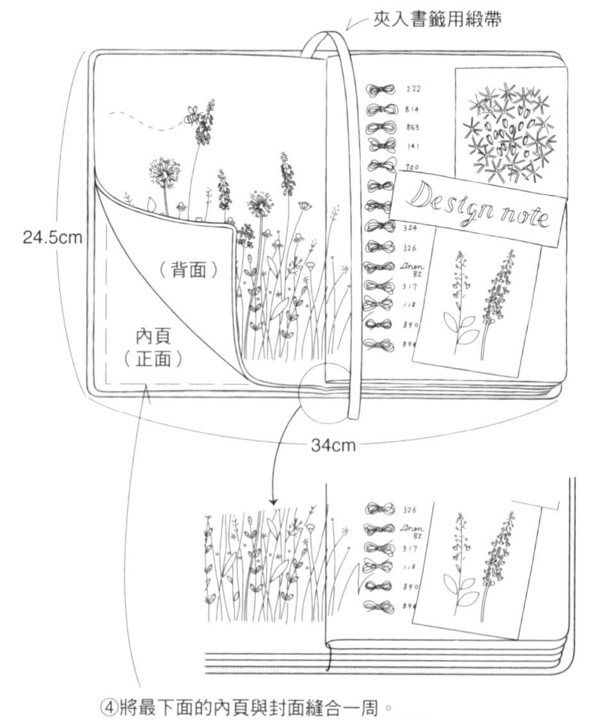

刺繡圖案（請放大 140%）

- ⑤是 5 號繡線。
- 除指定處之外，25 號繡線均為 3 股。
- 釘線繡是同色 25 號繡線 1 股。
- 貼布繡全部直接裁切。

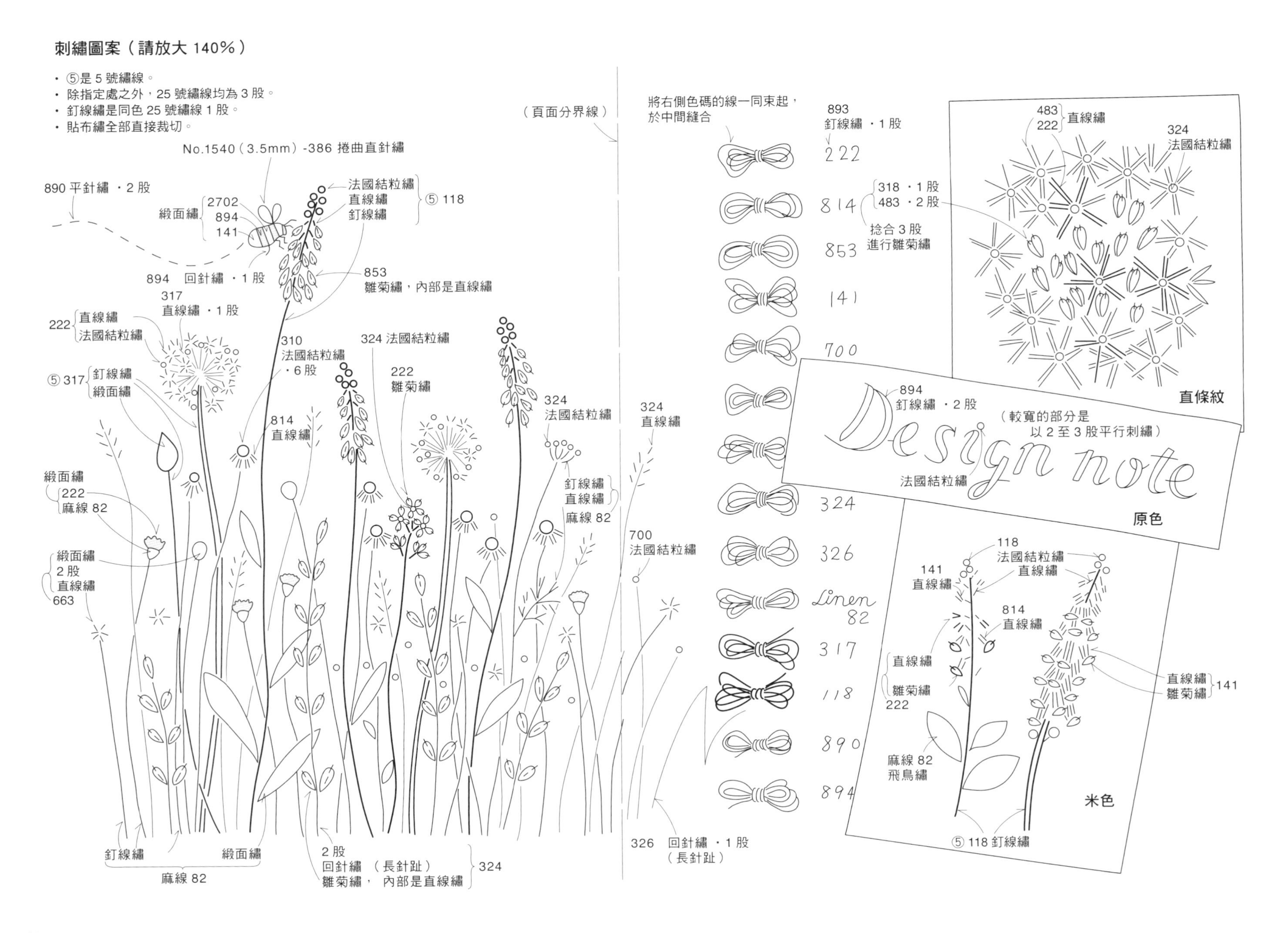

PAGE 8

繡花裝飾

| 材料 |

線材 —〔COSMO的繡線25號〕綠色117、118、317、318、684、923、2117、2118・粉紅色105、484A・橘色403、751・黃色701・紫色176、556、663、669A、2262・白色100、364・灰色893、894、895・咖啡色129、464、466 〔5號〕綠色117、118、317 〔麻線〕綠色82

布料 — 素色、條紋圖案等，只有百日草使用貼布繡布料（參考照片・圖片）

其他 — 布襯・雙面膠襯・厚度0.5cm的保麗龍板

完成尺寸 — 7 × 7 × 1.5cm

ONE POINT — 文字刺繡部分，Allium的側面繡cristophii，Laguras的側面繡ovatus。
其他花草的三面都繡上相同文字。

①於貼上布襯的布料刺繡，依下圖尺寸裁剪。

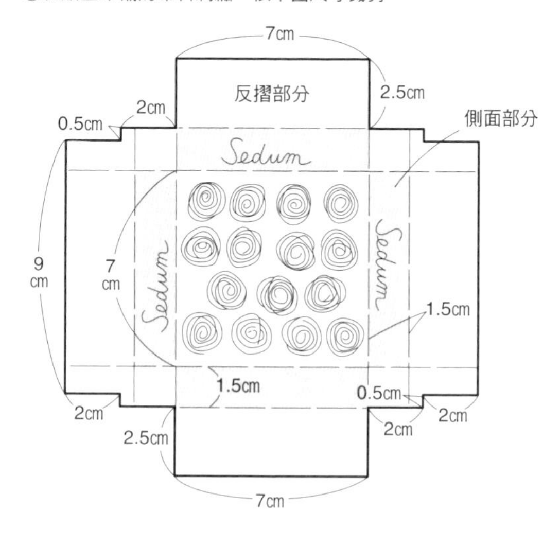

③依布料的圖摺疊，以膠帶固定。

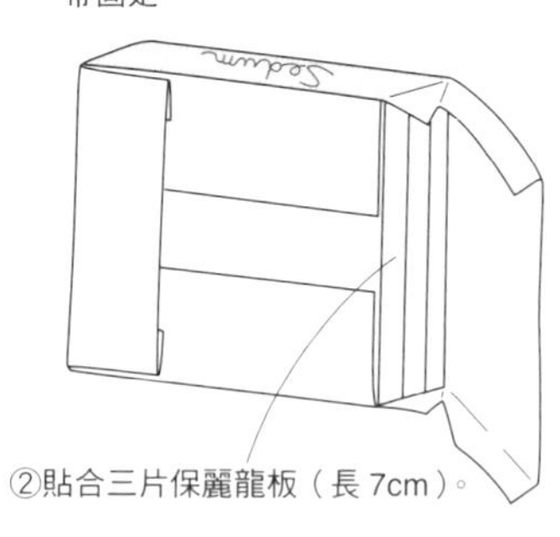

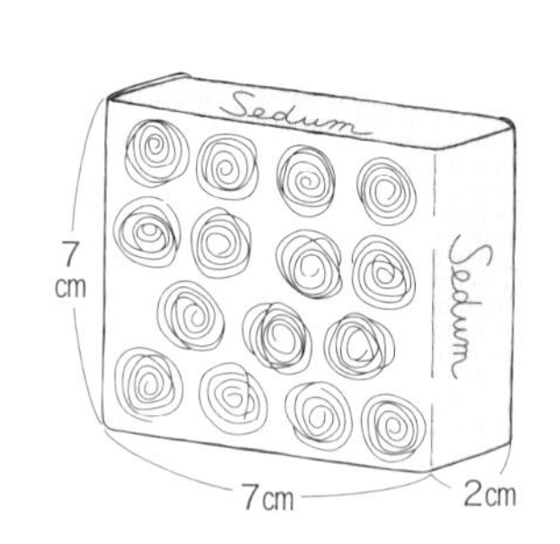

※ 膠帶請選擇製書專用的寬邊膠帶。

刺繡圖案（原寸大）

- ⑤是指 5 號線。
- 除指定處之外，25 號線皆為 3 股。
- 釘線繡是同色 25 號繡線 ・1 股。

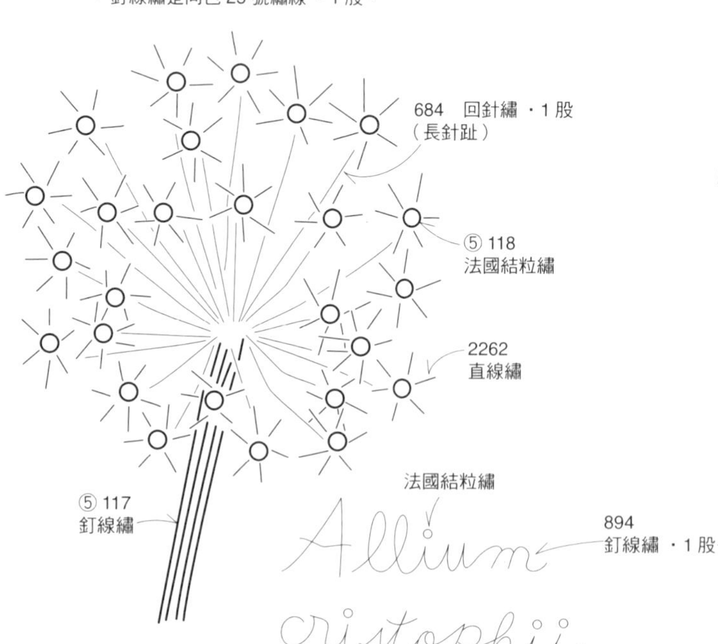

894
釘線繡 ・1 股

318 回針繡 ・2 股（長針趾）
短線是直線繡

麻線 82 釘線繡
緞面繡

129
回針繡

663
緞面繡

麻線 82
輪廓繡

Nigella

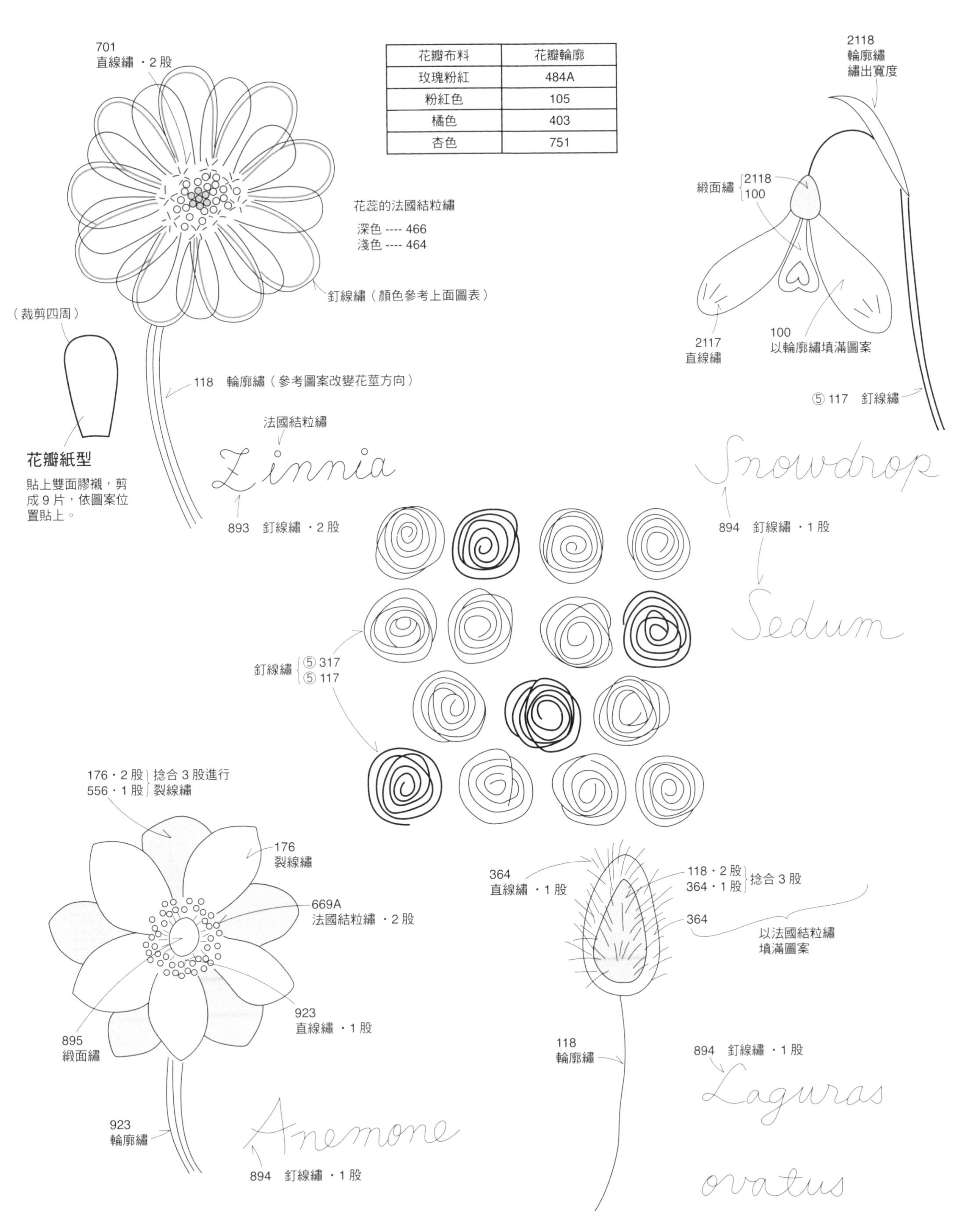

花瓣布料	花瓣輪廓
玫瑰粉紅	484A
粉紅色	105
橘色	403
杏色	751

花紋圖案

｜材料（香菫菜布書衣）｜

線材 —〔COSMO繡線25號〕綠色118、324、326・紫色175、266、285、2662・黃色702・白色141・灰色895　〔5號〕綠色118　〔麻線〕綠色82

布料 — 米色半亞麻布41 × 19cm

其他 — 布襯41 × 19cm・直徑約0.25cm紫色水鑽21個・寬1.5cm米色羅緞緞帶18cm

完成尺寸 — 31.5×16cm

ONE POINT — P.9下方的紫色花紋圖案，與布書衣相同。

尺寸圖

・裁剪四周。
・背面貼上布襯，四周進行Z字型車縫。

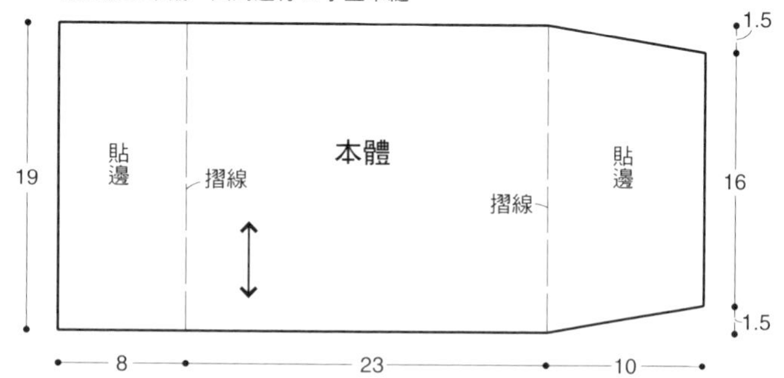

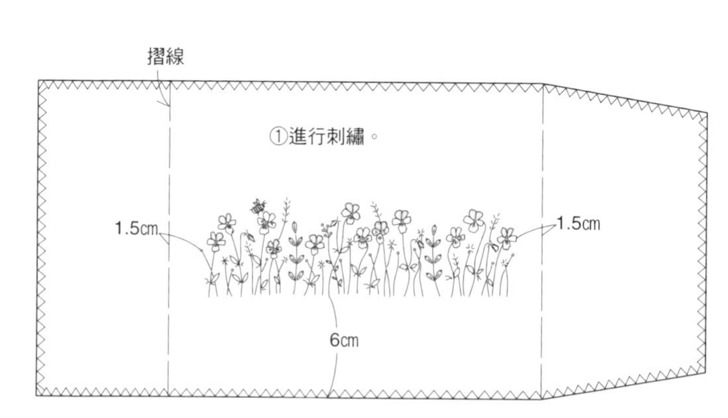

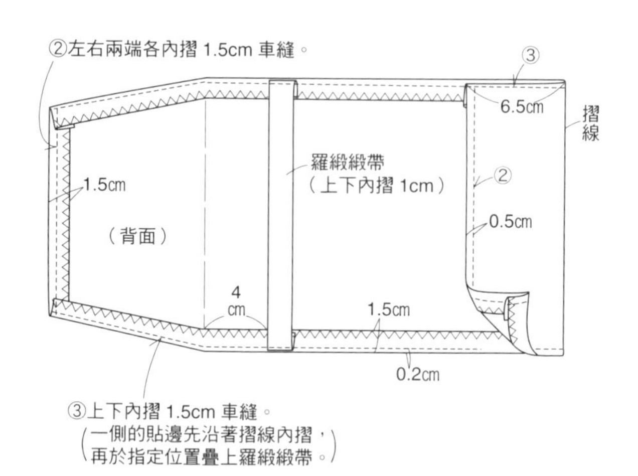

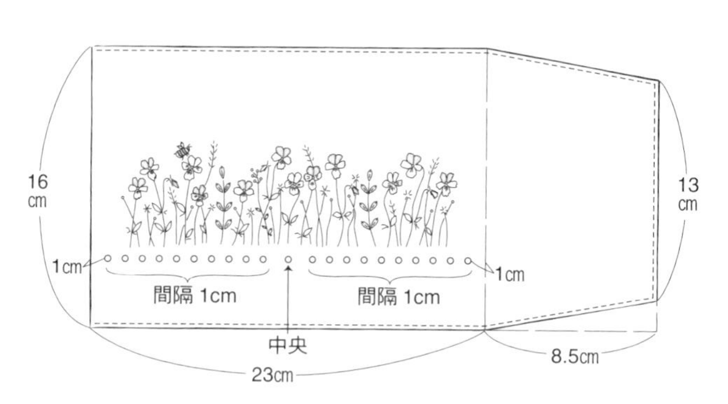

刺繡圖案（原寸大）

- ⑤是指 5 號繡線。
- 除指定處之外，25 號繡線皆為 3 股。
- 釘線繡是同色的 25 號繡線 1 股。

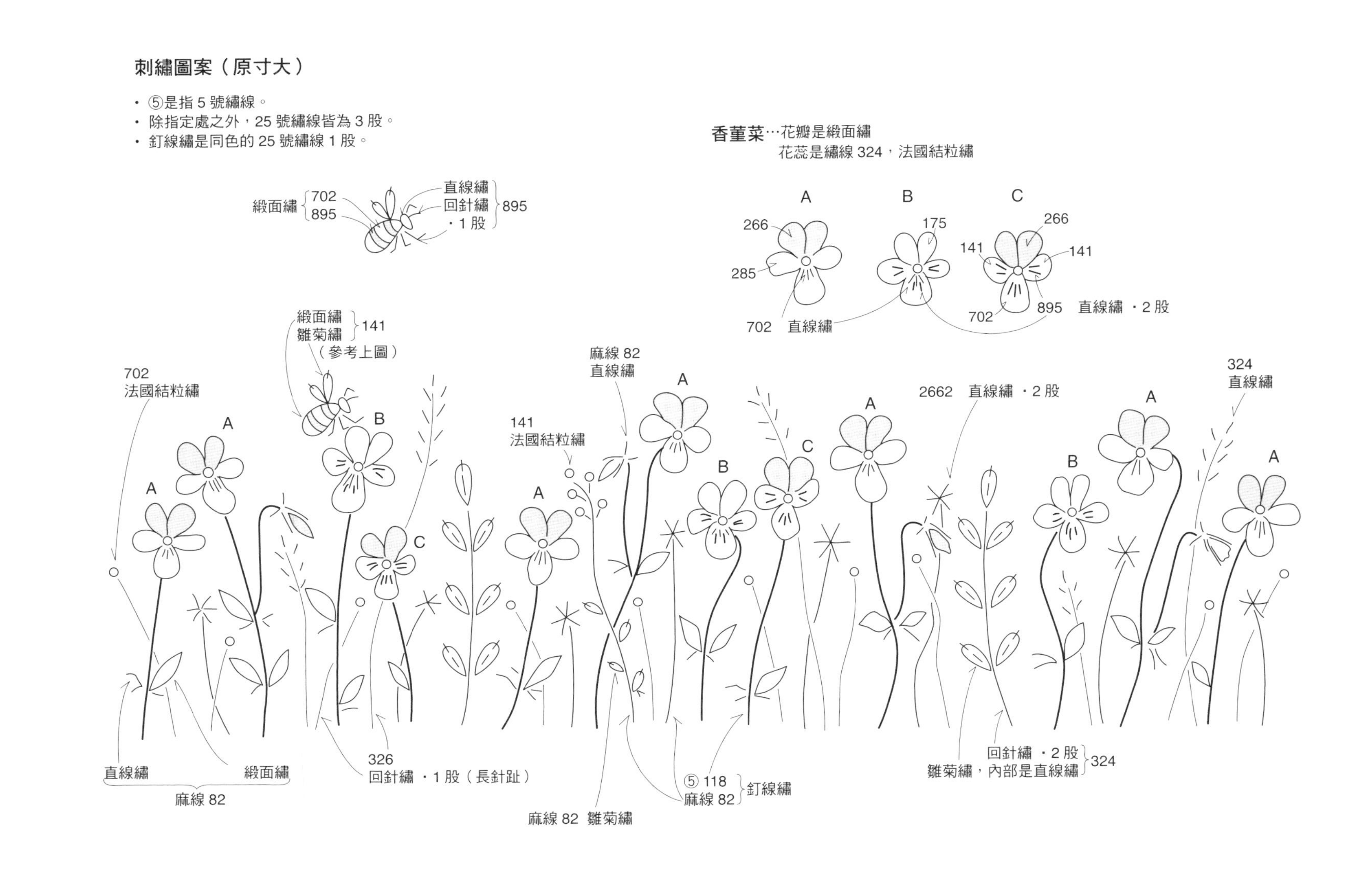

花紋圖案

｜材料（黃色）｜

線材 —〔COSMO繡線25號〕綠色118、324、326・黃色299、301、701・紫色2662・灰色895

〔5號〕綠色118　〔麻線〕綠色85

布料 — 白色亞麻布40 × 25cm

其他 — 布襯40 × 25cm

完成尺寸 — 繡面21 × 6cm

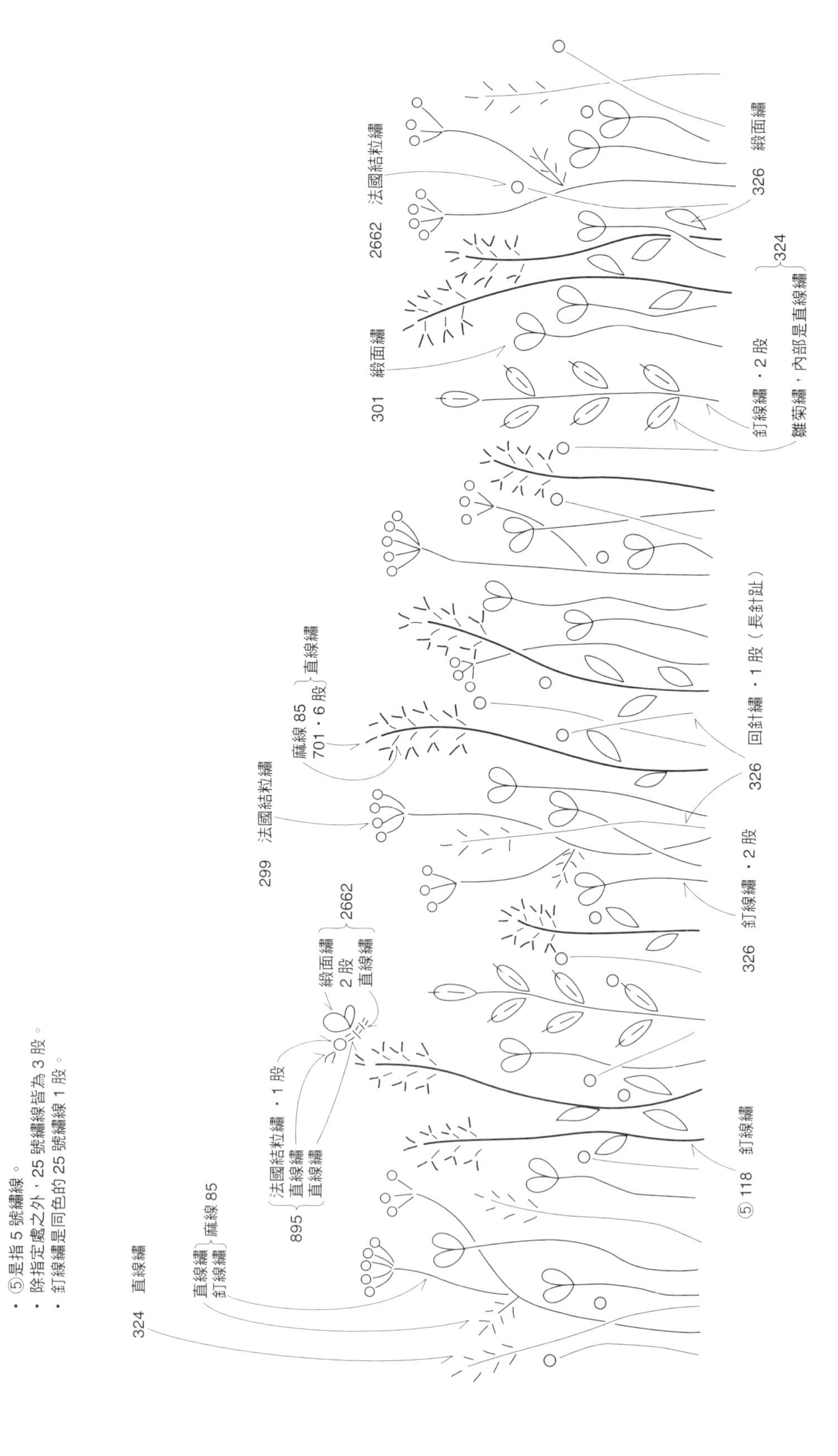

PAGE 15

讓人心生憐愛的玫瑰

｜材料（相簿封面）｜

線材 —〔COSMO繡線25號〕綠色325A、923・粉紅色224・咖啡色425・灰色893

〔麻線〕綠色82　〔MOKUBA刺繡用緞帶〕No.1540（3.5mm）紫紅色039　〔金線〕

布料 — 原色棉布65.5 × 26cm

其他 — 布襯65.5 × 26cm・市售相簿22 × 23 × 1.5cm

完成尺寸 — 22 × 23 × 1.5cm

尺寸圖

・加上（ ）內的縫份後裁剪。
・背面貼上布襯，四周進行Z字型車縫。

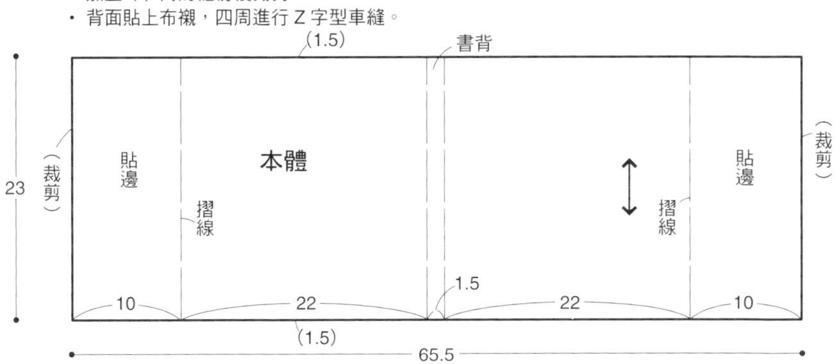

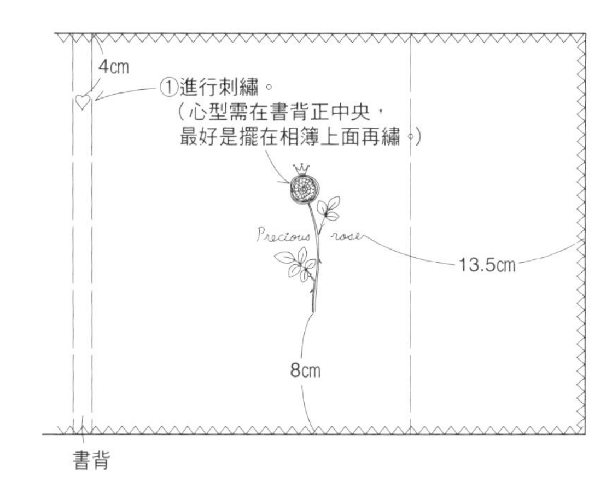

②貼邊正面相對摺起，縫合上下。

對摺線

1.5cm

（正面）

（背面）

摺線

1.5cm

②

裁切邊角

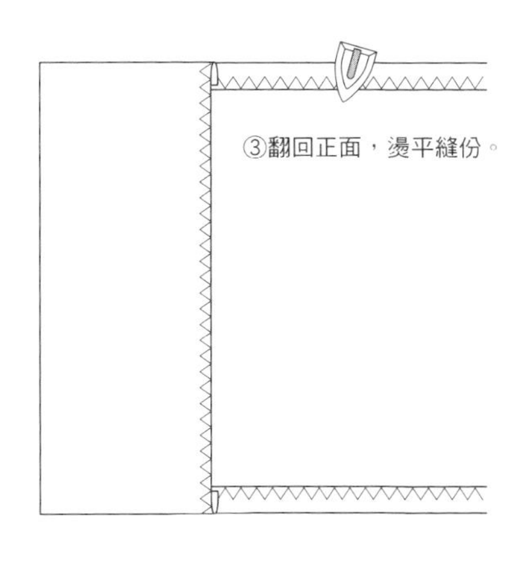

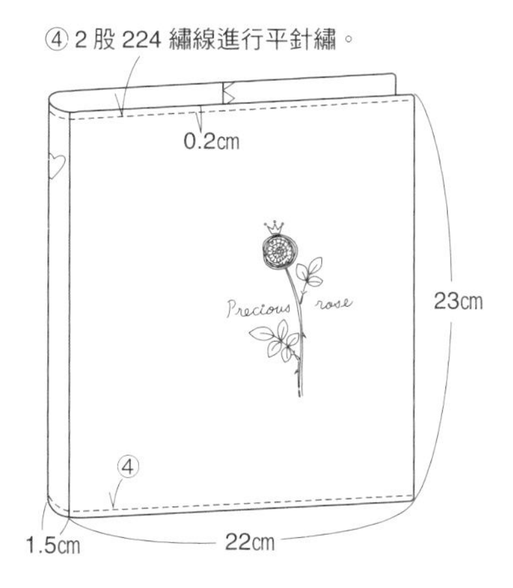

刺繡圖案請參考下一頁

接前頁

刺繡圖案（原寸大）

- 除指定處之外，25 號繡線皆為 3 股。
- 釘線繡是同色的 25 號繡線 1 股。

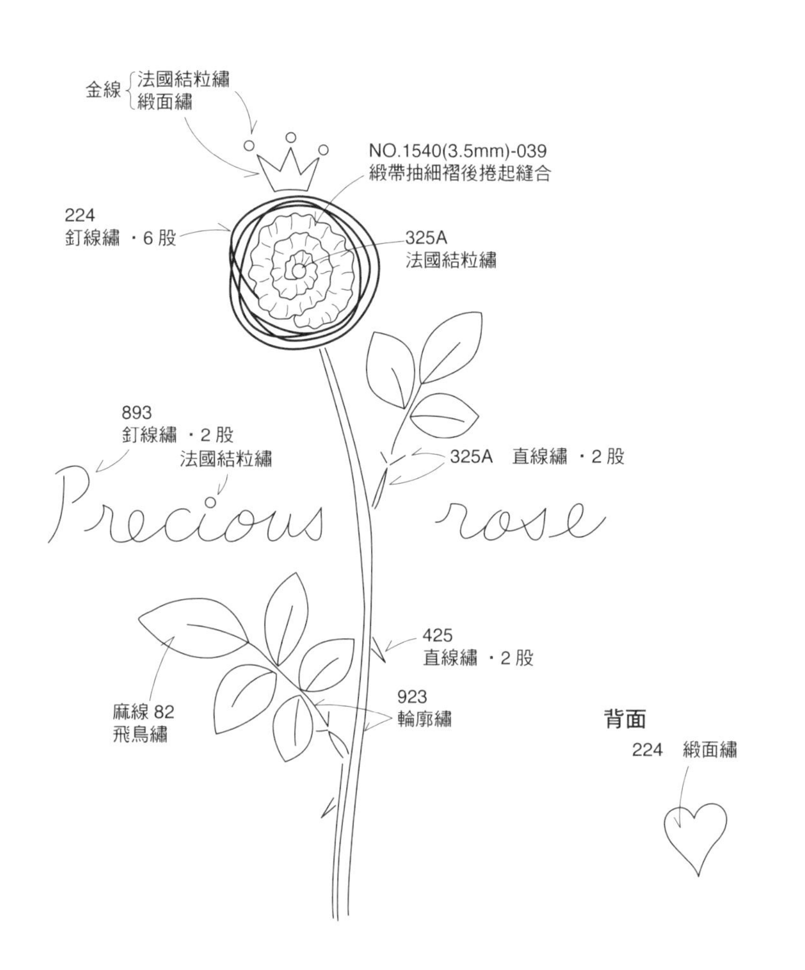

背面

224 緞面繡

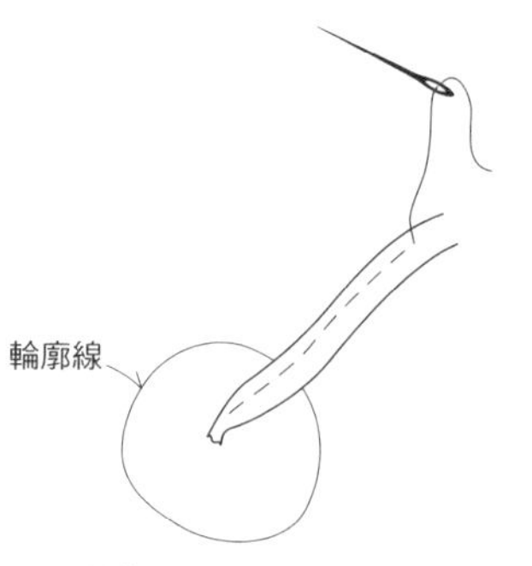

緞帶從花蕊部位拉出，
以縮縫一直縫到緞帶尾端。

⇩

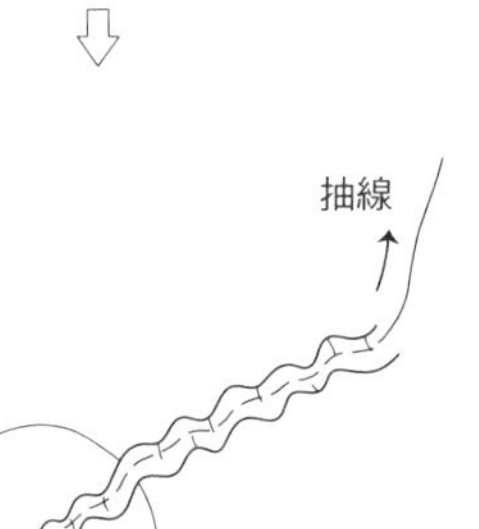

拉縫線抽細褶。
一邊捲繞緞帶，一邊與布料縫合。

PAGE 14

讓人心生憐愛的玫瑰

| 材料（木板）|

線材 —〔COSMO繡線25號〕綠色318、325A、923、2118・粉紅色224・咖啡色425・灰色893
〔麻線〕綠色83 〔MOKUBA刺繡用緞帶〕No.1540（3.5mm）紫紅色039

布料 — 白色、玫瑰粉紅色的亞麻布各32 × 37cm

其他 — 布襯、雙面膠襯各32 × 37cm・厚紙板22 × 27cm・寬1cm的玫瑰粉紅色緞帶65cm・金色小圓串珠3個・金色鋁罐少許

完成尺寸 — 22 × 27cm

ONE POINT — 先在白色亞麻布貼上布襯，玫瑰粉紅色亞麻布貼上雙面膠襯。依照筆記本形狀，挖空玫瑰粉紅色布料中間，貼上白色亞麻布，車縫布邊。以布尺在四周量出5cm的縫份。使用鋒利的剪刀裁剪皇冠用的鋁罐，請注意安全。

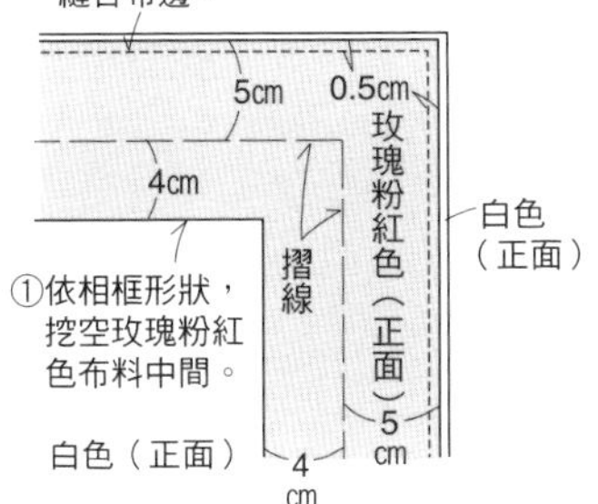

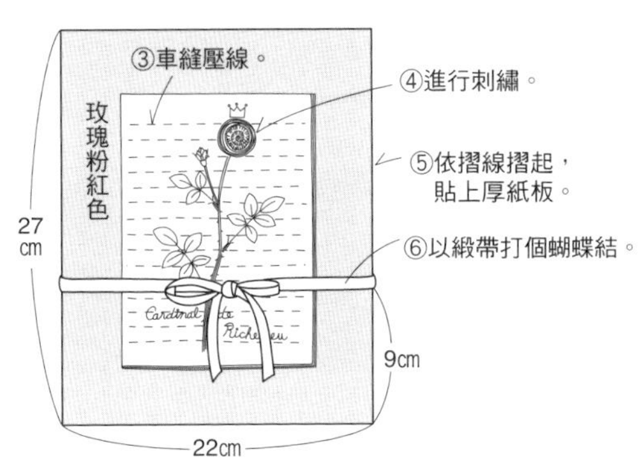

刺繡圖案（原寸大）

- 除指定處之外，25 號繡線皆為 3 股。
- 釘線繡是同色的 25 號繡線 1 股。

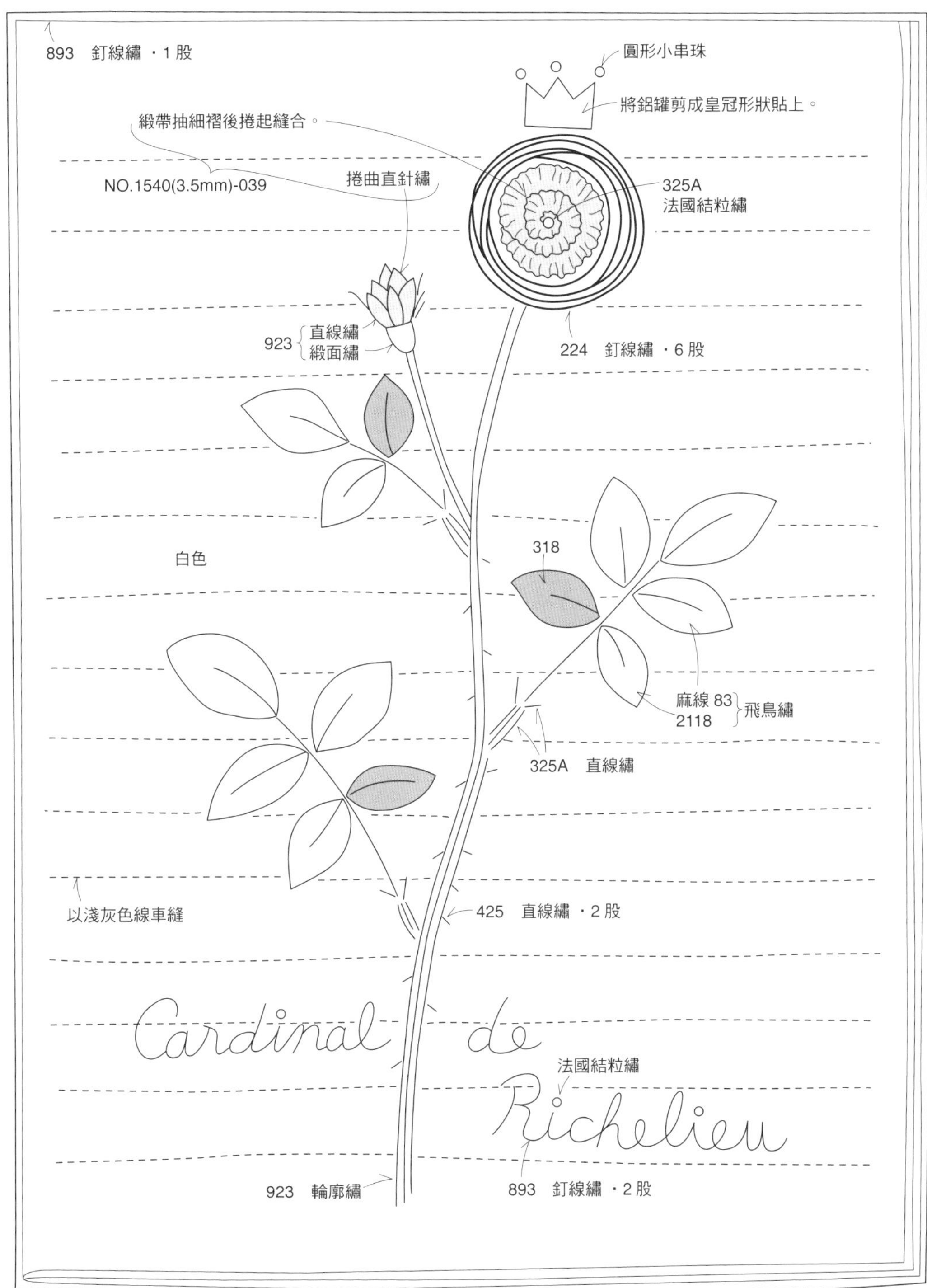

PAGE 12

小小花圈

｜材料｜

線材—〔COSMO繡線25號〕黃色702　〔5號〕白色100
布料—米色半亞麻布50 × 50cm・藍色圓點布45 × 45cm
其他—布襯24 × 50cm・寬1cm皮繩（提把用）70cm・英文字母印章・布用印台
完成尺寸—19 × 22 × 3cm

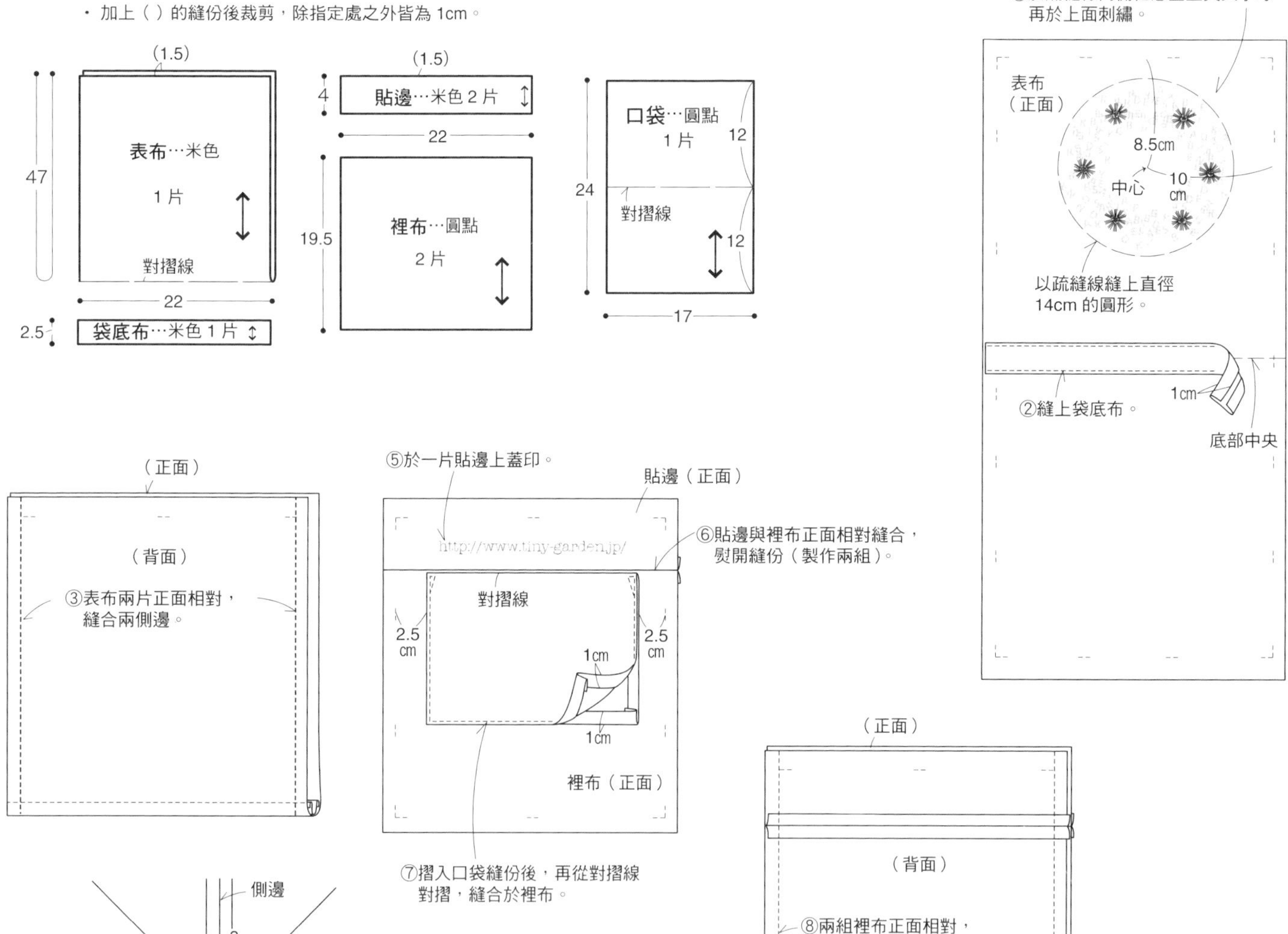

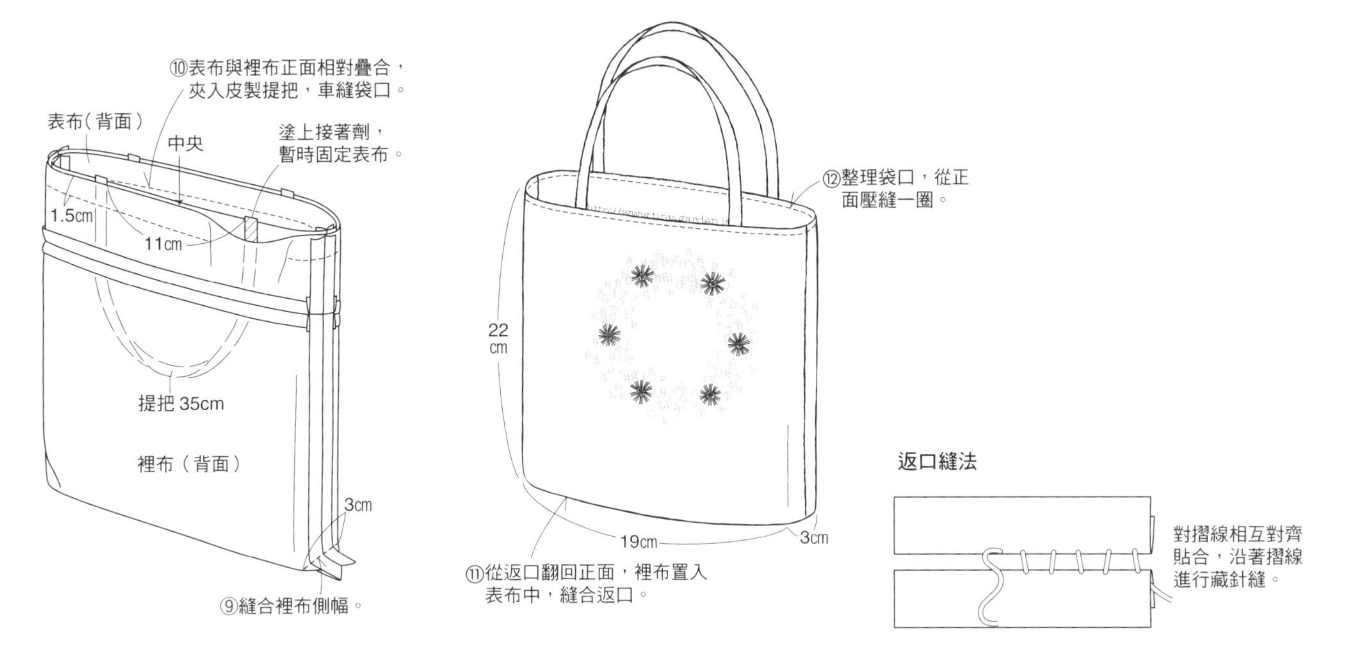
⑩表布與裡布正面相對疊合，
夾入皮製提把，車縫袋口。
表布（背面）
中央
塗上接著劑，
暫時固定表布。
1.5cm
11cm
提把 35cm
裡布（背面）
3cm
⑨縫合裡布側幅。
⑫整理袋口，從正
面壓縫一圈。
22
cm
19cm
3cm
⑪從返口翻回正面，裡布置入
表布中，縫合返口。
返口縫法
對摺線相互對齊
貼合，沿著摺線
進行藏針縫。

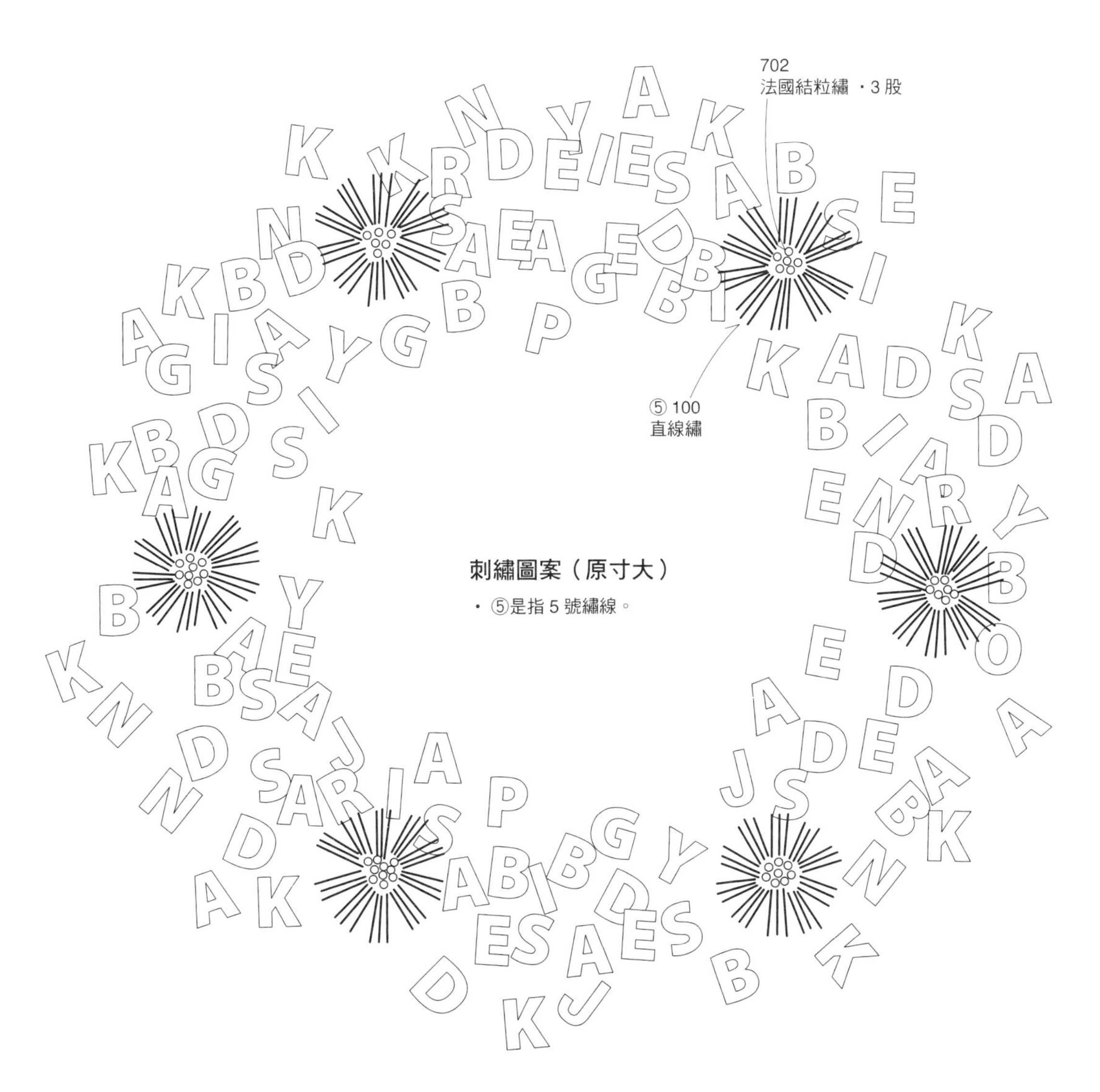
702
法國結粒繡・3股
⑤ 100
直線繡
刺繡圖案（原寸大）
・⑤是指5號繡線。

蒲公英拼貼繡

｜材料（拼貼繡）｜

線材 —〔COSMO繡線25號〕綠色317、325A・白色364・黃色297・灰色895・藍色732
〔5號〕綠色317 〔麻線〕綠色83

布料 — 白色亞麻布35 × 35cm・各種貼布繡用布（參考照片・圖片）・白色、綠色絹紗各少許

其他 — 布襯・雙面膠襯・英文字母印章・布用印台

完成尺寸 — 35 × 35cm

ONE POINT — 須刺繡的貼布繡用布先貼上布襯；底布貼上雙面膠襯。不過，蒲公英、文字、澆花器的布料只在中間貼布襯，四周任其浮起。蒲公英刺繡方法請參考P.65小型手拿包的ONE POINT。

刺繡圖案（請放大 140%）

- ⑤是指 5 號繡線。
- 除指定處之外，25 號繡線皆為 3 股。
- 釘線繡是同色的 25 號繡線 1 股。
- 所有的布都需要裁剪。

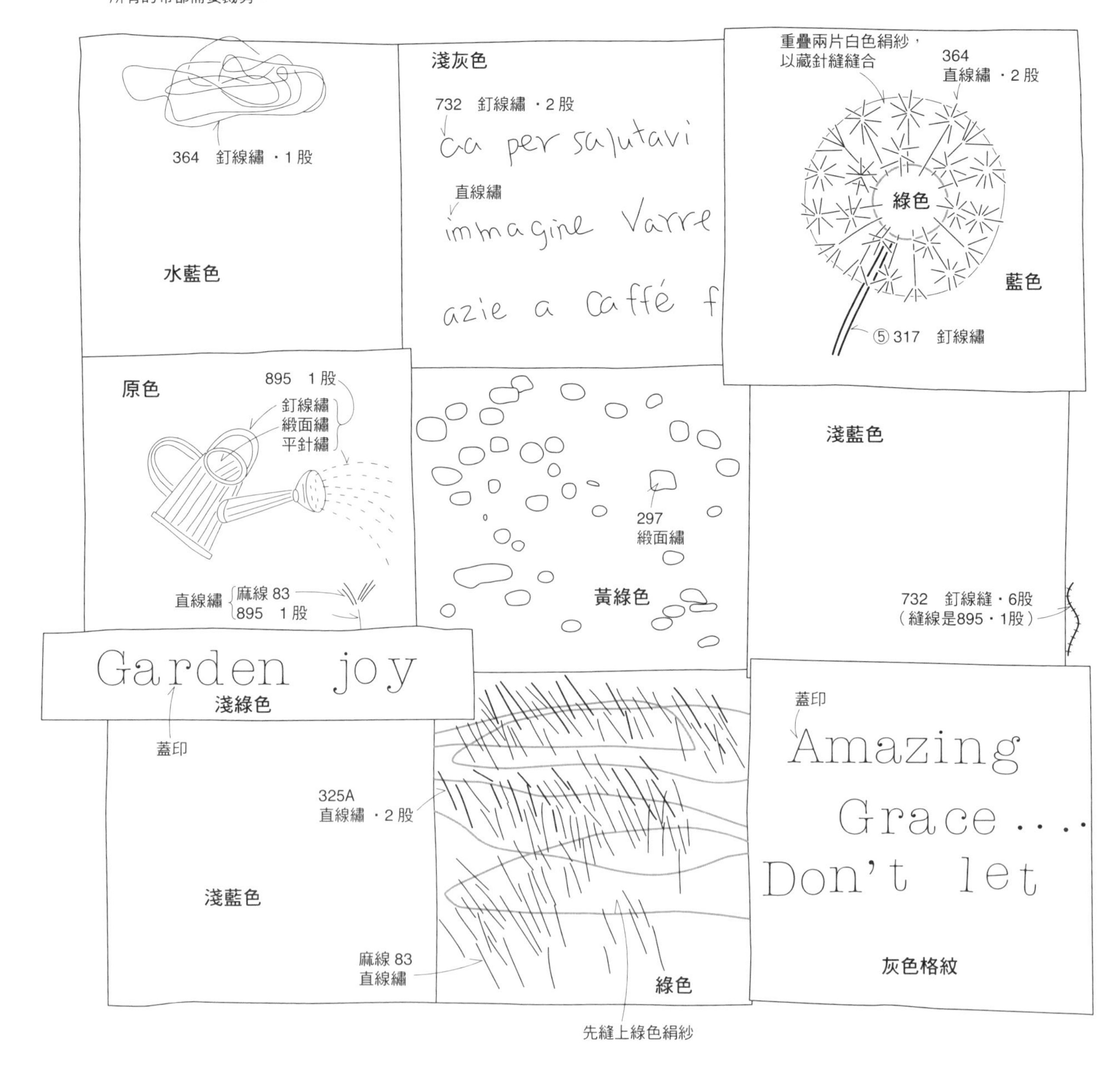

蒲公英拼貼繡

｜材料（小型手拿包）｜

線材 —〔COSMO繡線25號〕綠色317・白色364　〔5號〕綠色317

布料 — 綠色棉布13 × 25cm・黃綠色亞麻布13 × 26cm・貼布繡用藍色、白色綃紗各少許

其他 — 布襯13 × 25cm・口金（尺寸參考圖片）・白色圓形小串珠21個

完成尺寸 — 10 × 11 × 2cm

ONE POINT — 首先，將藍色棉布與底布以藏針縫縫合，刺繡花莖部分。縫合綃紗，刺繡棉絮部分，最後縫上串珠。

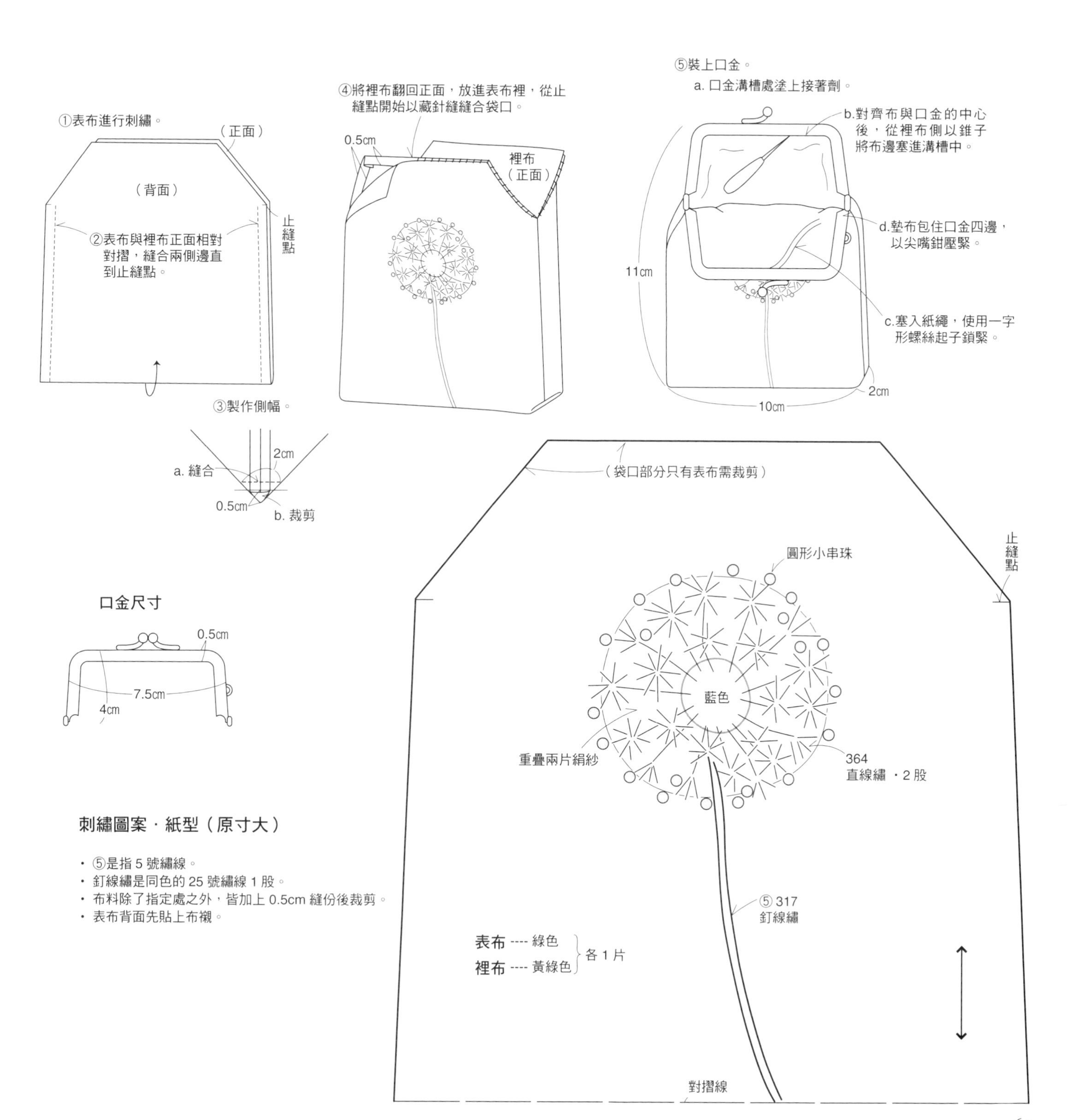

刺繡圖案・紙型（原寸大）

- ⑤是指5號繡線。
- 釘線繡是同色的25號繡線1股。
- 布料除了指定處之外，皆加上0.5cm縫份後裁剪。
- 表布背面先貼上布襯。

PAGE 19

球根的小祕密

｜材料（迷你手提袋）｜

線材—〔COSMO繡線25號〕綠色2117・紫色663・白色364・米色306、368　〔麻線〕綠色82

布料—米色亞麻布45 × 19cm・藍色亞麻布30 × 19cm

其他—布襯30 × 19cm・寬0.5cm的皮繩36cm・時鐘吊飾1個

完成尺寸—11 × 16 × 2cm

尺寸圖

・加上 1cm 縫份後裁剪。
・表布背面先貼上布襯。

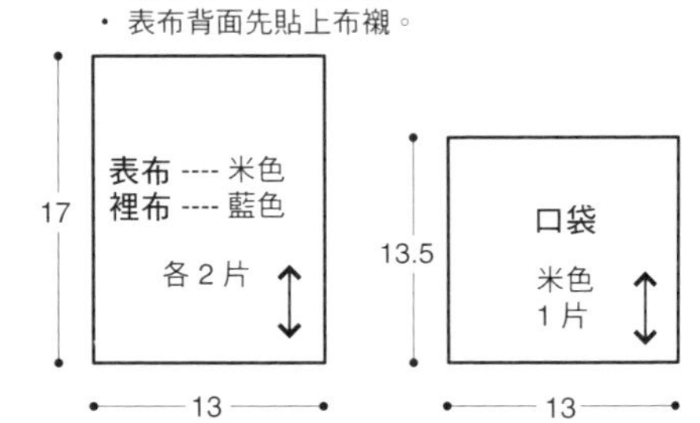

①在一片表布刺繡（圖案參考右頁）。

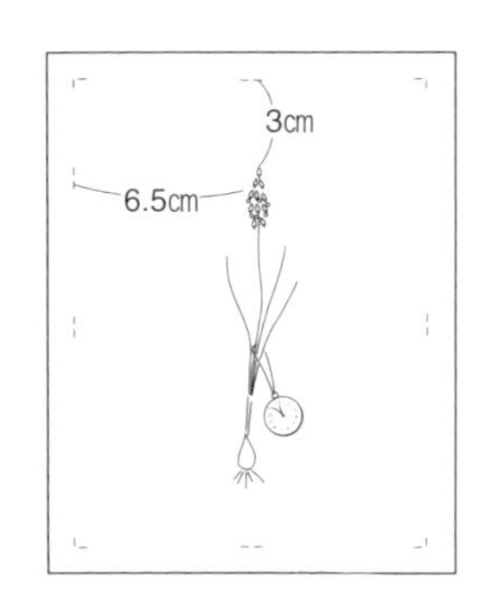

②製作口袋。

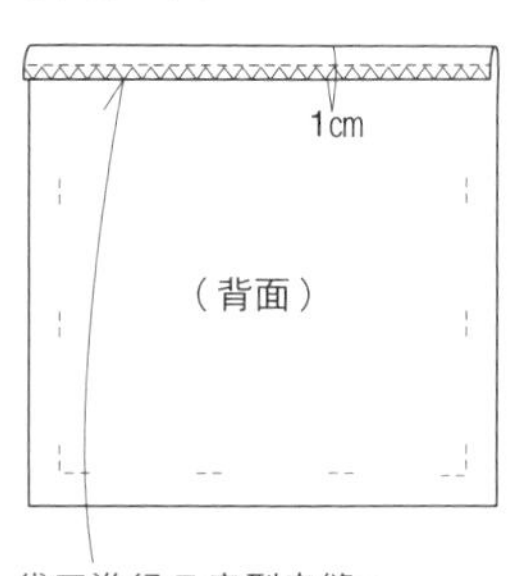

袋口進行 Z 字型車縫，摺入縫份後車縫。

③表布與裡布正面相對，縫合袋口（製作兩組）。

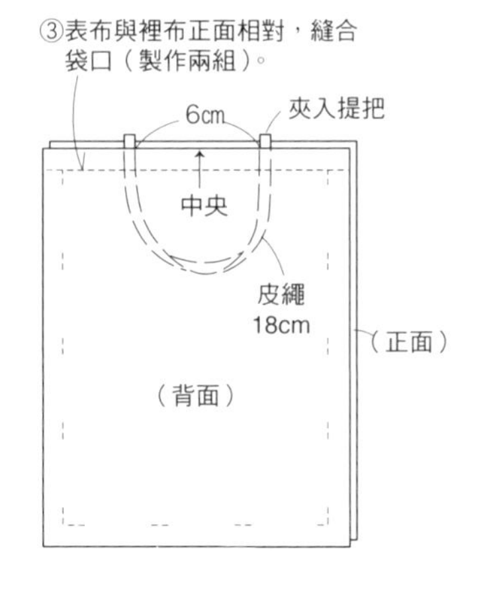

④兩組③正面相對，保留返口，一口氣縫合側邊、袋底。

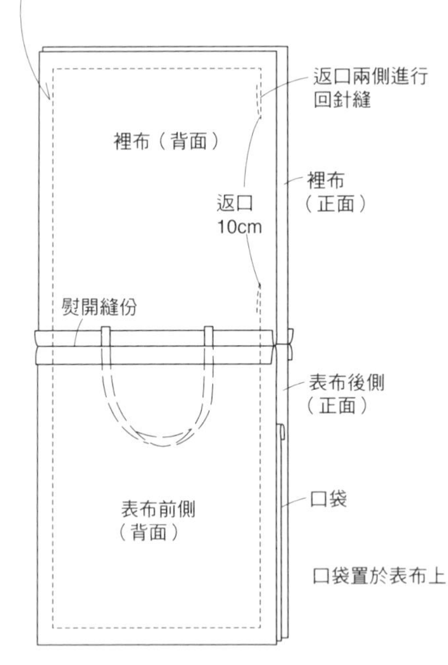

⑤製作側幅。

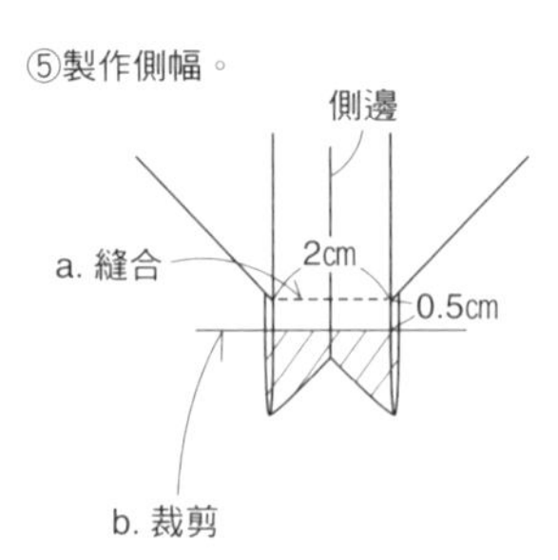

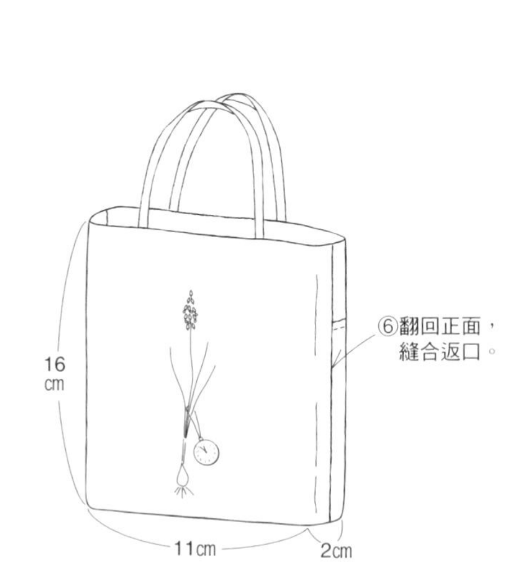

PAGE 18

球根的小祕密

｜材料（海芋）｜

線材 —〔COSMO繡線25號〕綠色2117・灰色894・紫色663・白色364・米色306、368

〔麻線〕綠色82

布料 — 米色亞麻布30 × 30cm・白色蟬翼紗、絹紗各少許

其他 — 布襯30 × 30cm

完成尺寸 — 30 × 30cm

刺繡圖案（原寸大）

・除指定處之外，25 號繡線皆為 3 股。

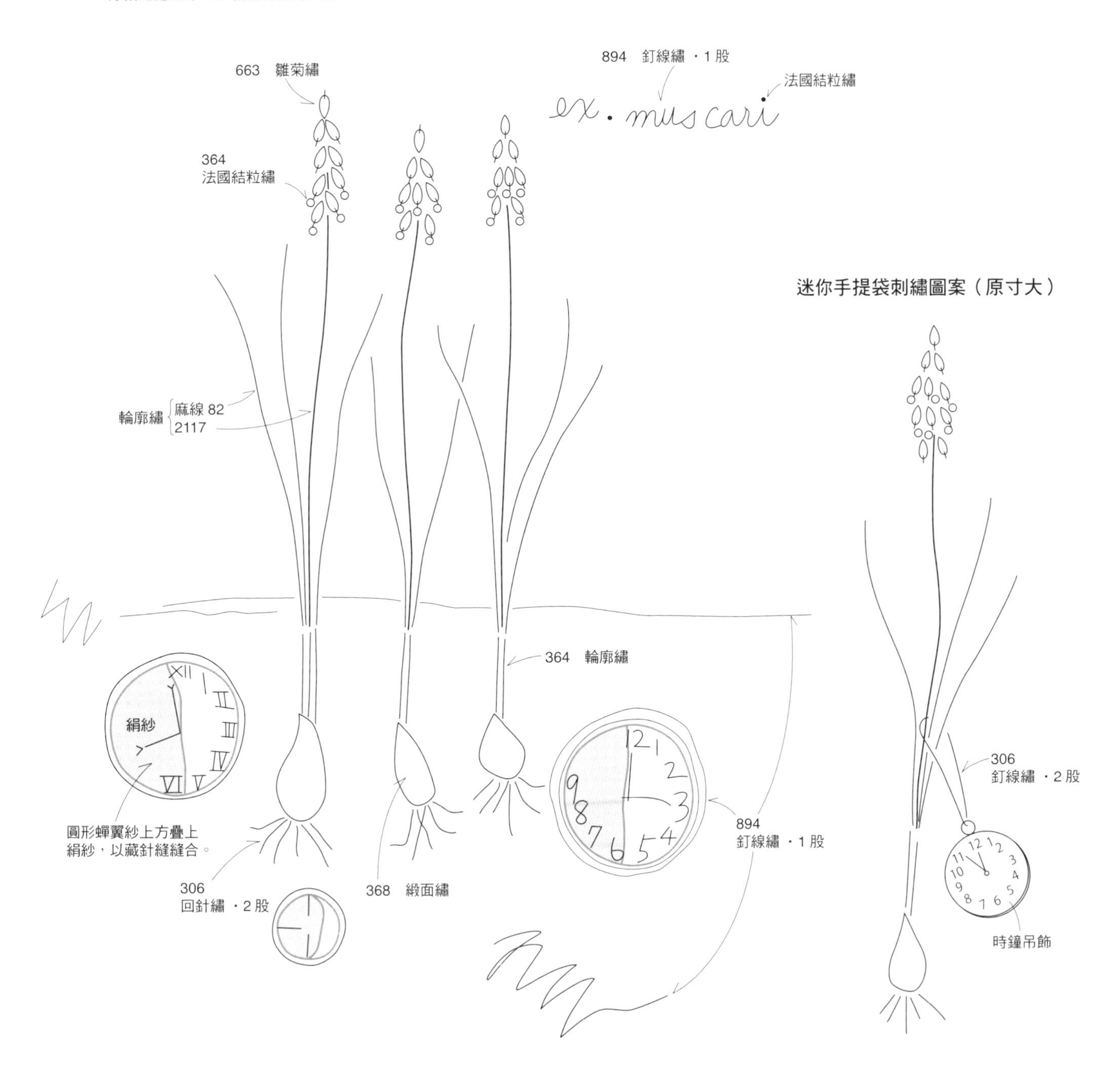

PAGE 19

球根的小祕密

｜材料（黑白色系）｜

線材 —〔COSMO繡線25號〕灰色894・白色364

布料 — 格紋亞麻布15 × 21cm・原色毛氈布25 × 30cm・白色蟬翼紗、絹紗各少許

其他 — 布襯15 × 21cm・雙面膠襯

完成尺寸 — 25 × 30cm

ONE POINT — 刺繡完成後，使用雙面膠襯黏合亞麻布與毛氈布。

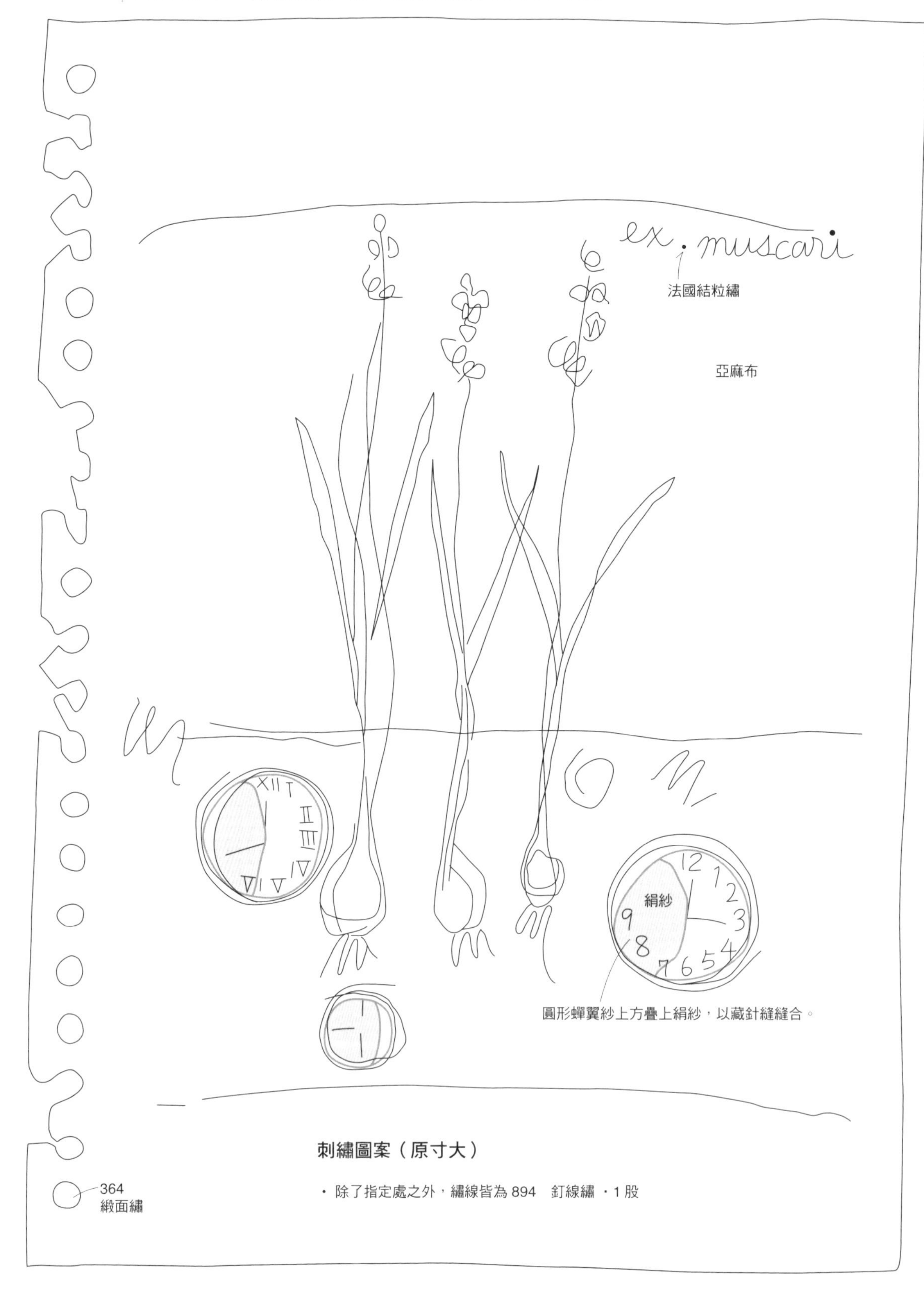

刺繡圖案（原寸大）

・除了指定處之外，繡線皆為 894　釘線繡・1 股

PAGE 32

野花庭園的罌粟花

| 材料 |

線材 —〔COSMO繡線25號〕綠色118、317、325A・紅色106、854、857・黃色2702・米色367・咖啡色308・白色365・灰色895 〔5號〕綠色317、323 〔麻線〕綠色82

布料 — 白色亞麻布45 × 40cm・綠色亞麻布、絹紗各少許

其他 — 布襯45 × 40cm

完成尺寸 — 繡面35 × 25cm

ONE POINT — P.31種子袋請參考下圖繡上罌粟花。

刺繡圖案（請放大 200%）

- ⑤是指 5 號繡線。
- 除指定處之外，25 號繡線皆為 3 股。
- 釘線繡是同色的 25 號繡線 1 股。
- 罌粟花顏色以 A ＝ 857，B ＝ 106，C ＝ 854 進行緞面繡
- 原野的草是麻線 82、325A，以 1 至 2 股隨意地直線繡。

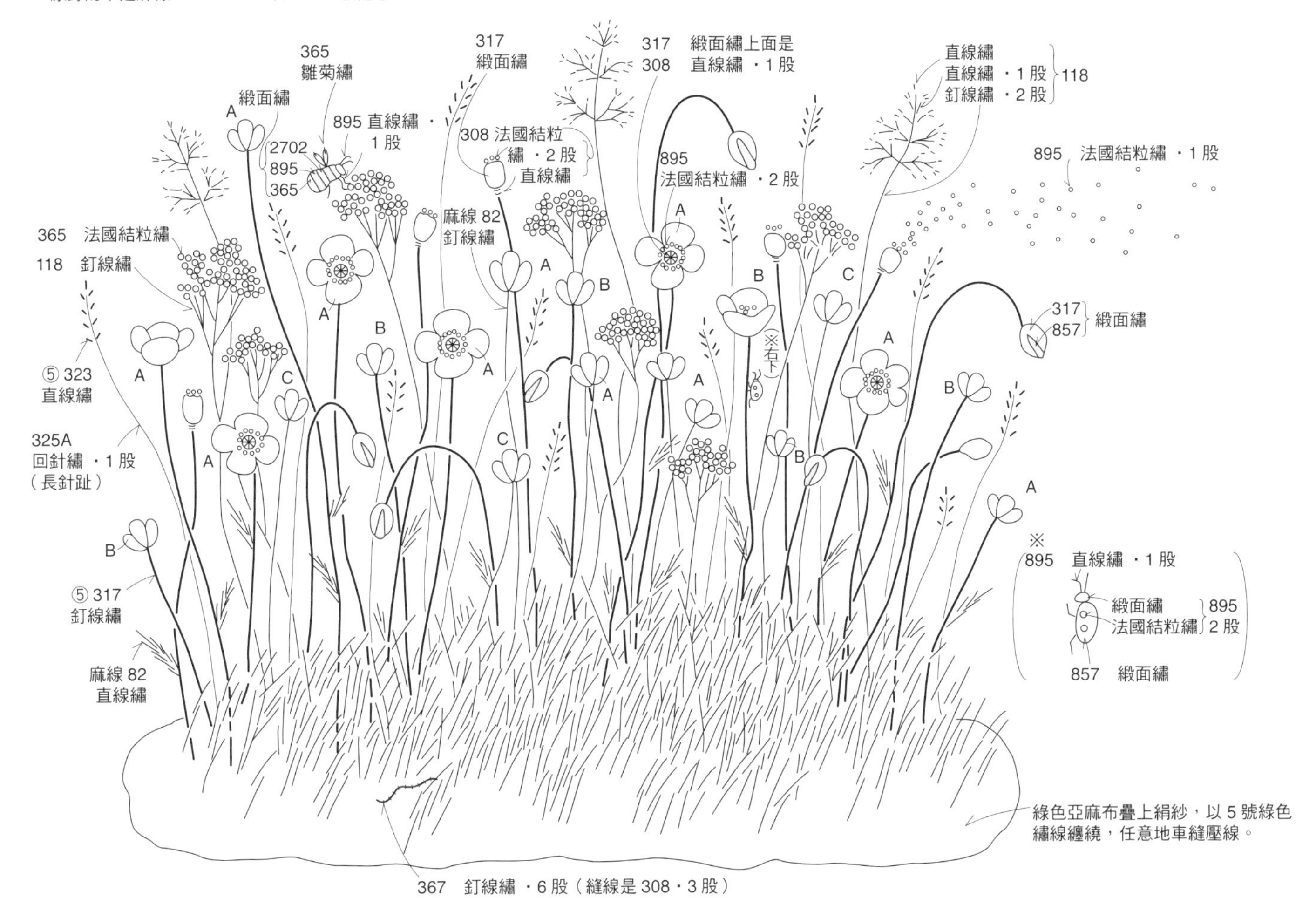

PAGE 20

甜豌豆花異想世界

| 材料（鑲板）|

線材 —〔COSMO繡線25號〕綠色317・粉紅色224、484A、2221、2222・白色364、100・咖啡色425・灰色894　〔5號〕綠色317・白色100　〔麻線〕綠色82

布料 — 白色亞麻布46 × 40cm・粉紅色亞麻布46 × 24cm・格紋圖案棉布13 × 16cm

其他 — 布襯、雙面膠襯各46 × 40cm・厚紙36 × 30cm・粉紅色布尺圖案緞帶15cm
內徑37 × 42cm的紙畫框

完成尺寸 — 參考框內徑、圖案

ONE POINT — 使用布尺測量厚紙板大小，各邊加上5cm縫份。小豆袋使用白色亞麻布製作。刺繡文字Pea，袋口以麻繩綁結，再掛上綠色捲鐵絲。

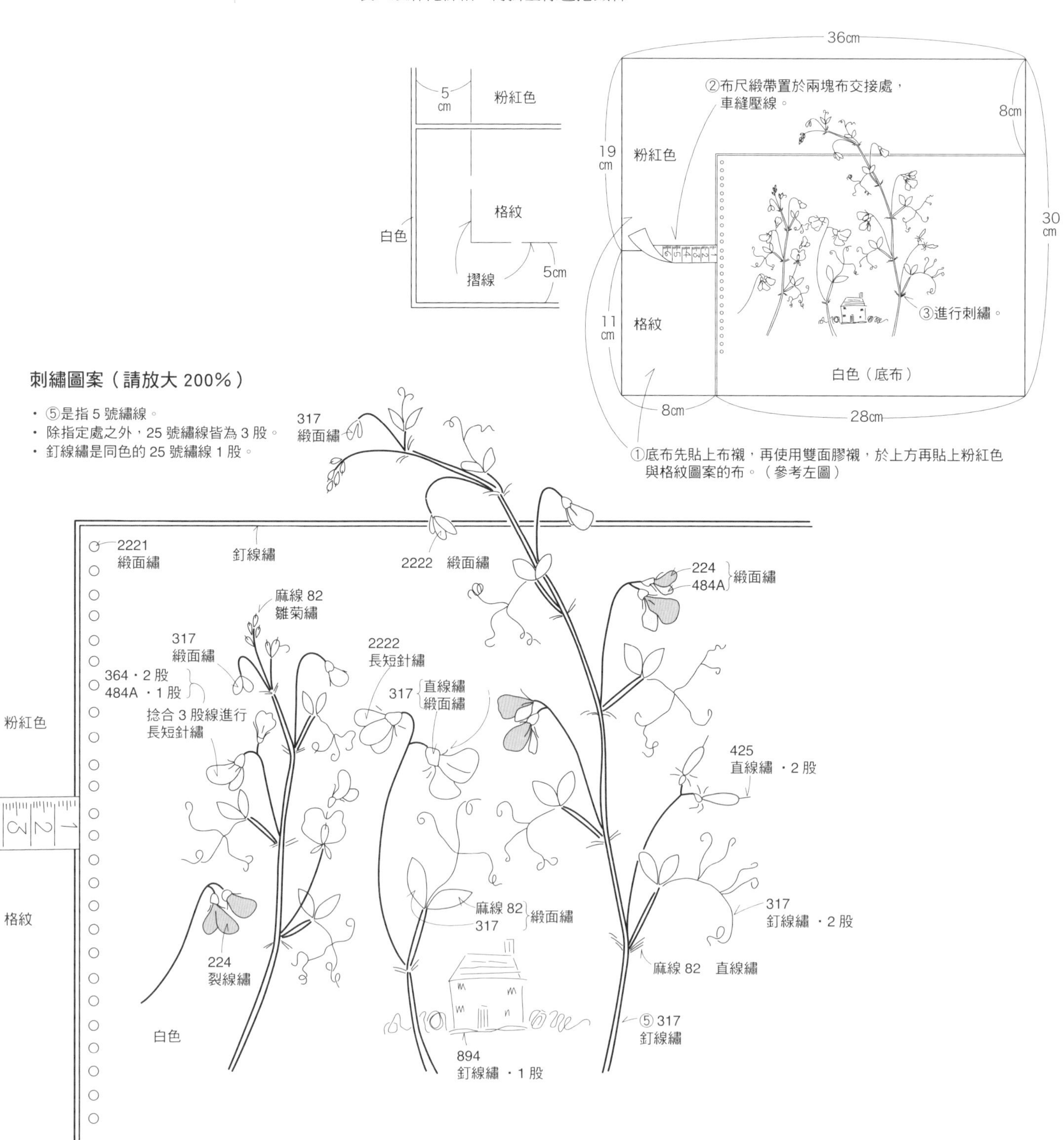

甜豌豆花異想世界

｜材料（杯墊）｜

線材 —〔COSMO繡線25號〕綠色318・粉紅色484A・白色364

布 — 米色亞麻布24 × 12cm

其他 — 布襯12 × 12cm

完成尺寸 — 10 × 10cm

ONE POINT — 兩片布的縫份請互相避開，彼此交錯摺疊，避免布邊變得又厚又硬。

尺寸圖

- 四周增加 1cm 縫份後裁剪。
- 須刺繡的布要先貼上布襯。

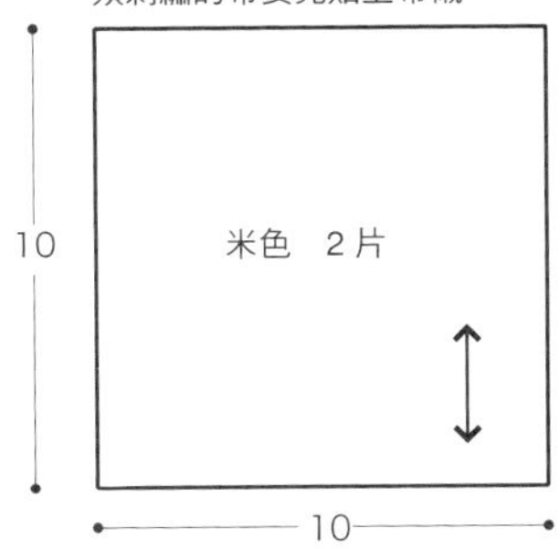

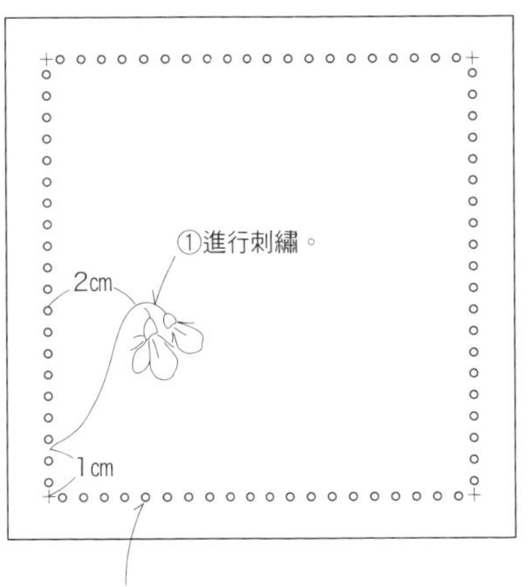

②以364線・2股於完成線上，以間距0.5cm進行法國結粒繡（捲2次），頂點處不要刺繡。

刺繡圖案（原寸大）

・25 號繡線 ・3 股

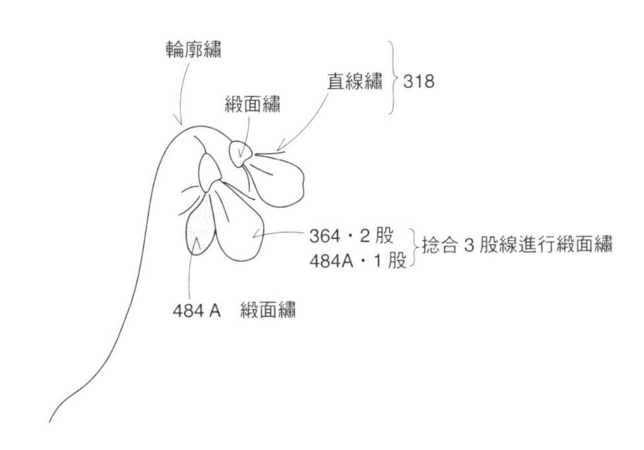

③熨斗沿摺線燙齊兩片布的縫份，背面相對，以捲針縫縫合。

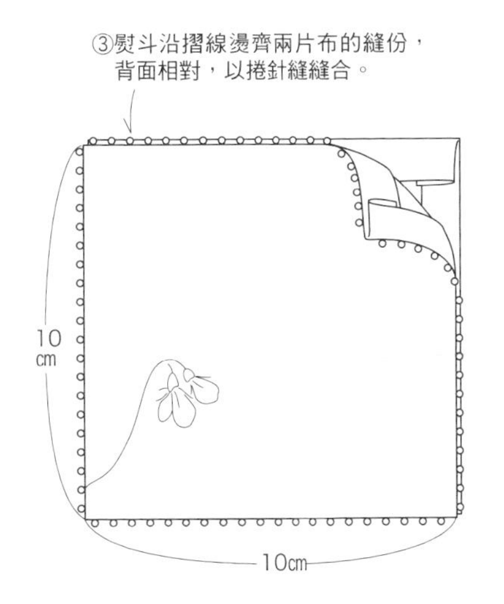

上花藝課見習如何裝飾花朵吧！

｜材料｜

線材 —〔COSMO繡線25號〕綠色117、118、633、924、2117、684（僅花材）・紅色245、655、855、2241・橘色186、185（僅花材）・粉紅色506（僅花材）・紫色266、765・黃色300、702・米色307・灰色713（僅花材）・咖啡色384・藍色163　〔5號〕綠色117

布料 — 白色亞麻布（花材35 × 30cm、插花作品30 × 30cm）・貼布繡用藍色、黃綠色蟬翼紗各少許（僅插花作品）

其他 — 布襯（花材35 × 30cm、插花作品30 × 30cm）・雙面膠襯、內徑20 × 20cm紙畫框（插花作品部分）

完成尺寸 —（繡面）花材28 × 16cm・插花作品16 × 17cm

刺繡圖案（請放大 140%）

花材

- ⑤是指 5 號繡線。
- 除指定處之外，25 號繡線皆為 3 股。

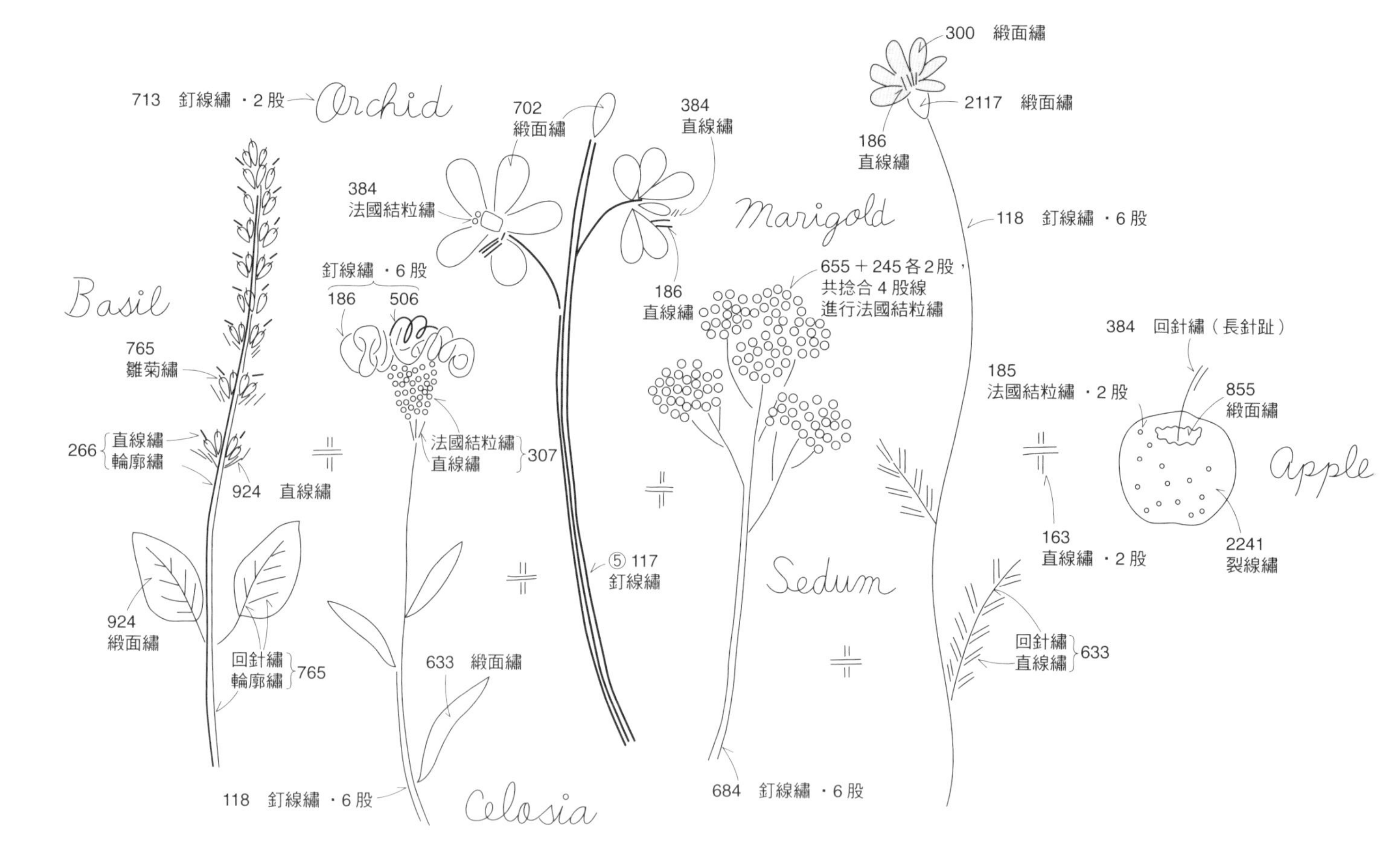

插花作品（原寸大）

・繡線顏色、繡法與花材相同。

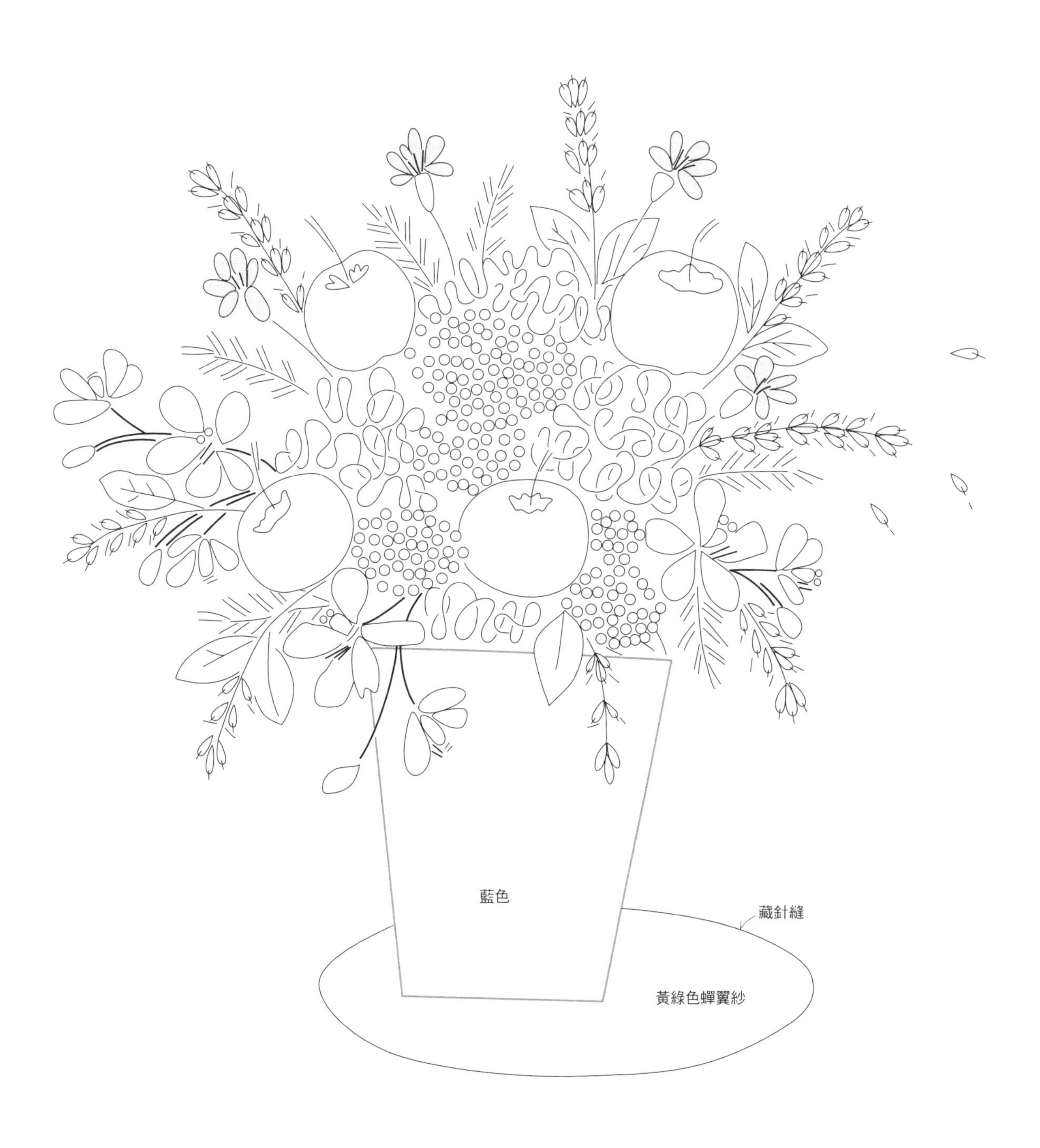

善用剩餘花材

｜材料｜

線材 —〔COSMO繡線25號〕綠色117、118、119、317、684、2117・紫色174、663、669A・黃色701・咖啡色236・灰色154・白色365　〔5號〕綠色117、317　〔麻線〕綠色82
〔MOKUBA刺繡用緞帶〕No.1540（3.5mm）・紫色163、粉紅色071

布料 — 米白色亞麻布26 × 32cm・黃綠色蟬翼紗、白色絹紗各少許

其他 — 布襯26 × 32cm

完成尺寸 — 繡面20 × 25cm

ONE POINT — 上述材料是P.26花材作品材料，花圈材料請依花材種類選擇。在米白色亞麻布刺繡後，沿著圖案四周裁剪。香堇菜與葡萄風信子的花圈以寬0.3cm的緞帶綁起再縫合。

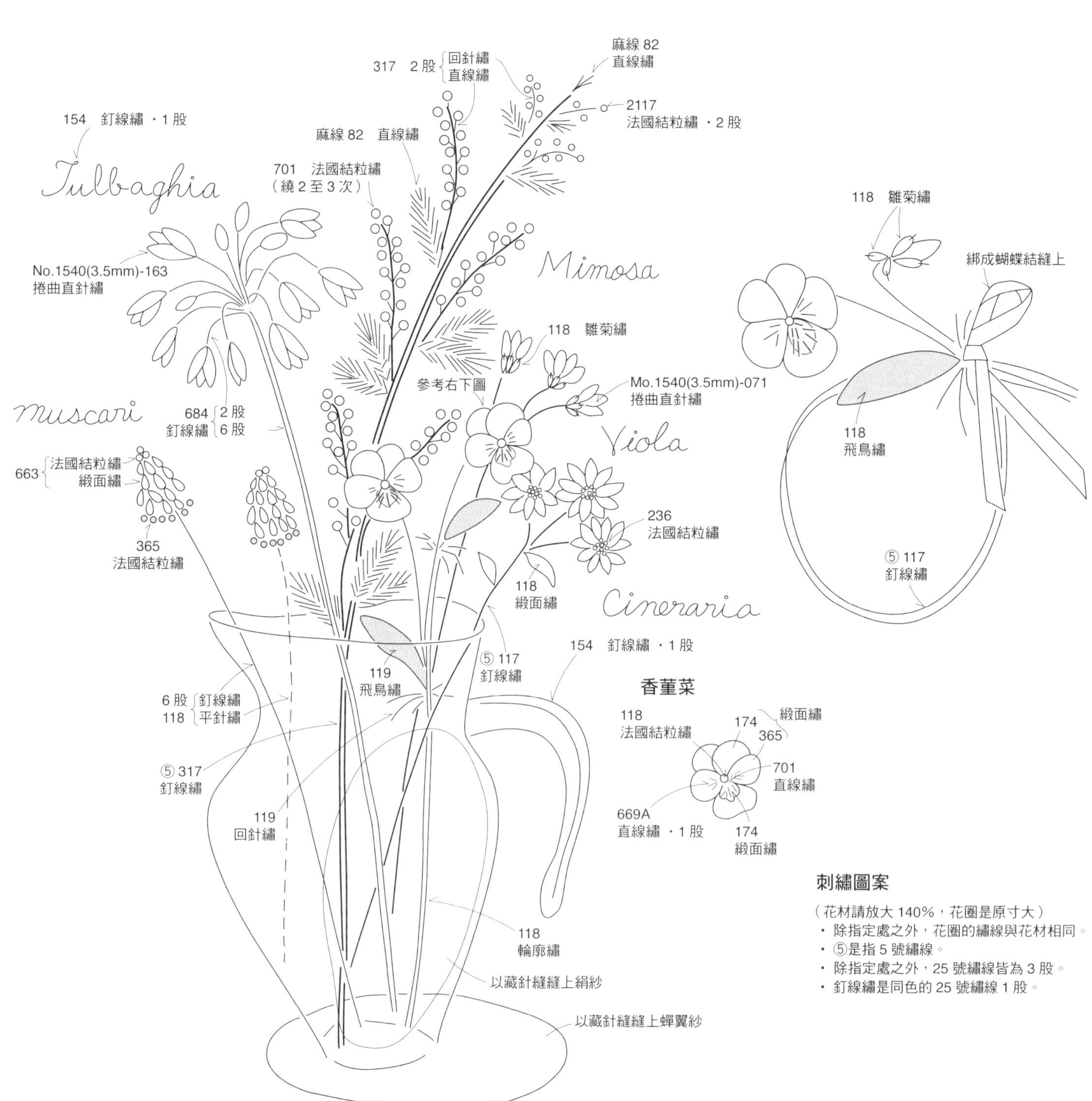

刺繡圖案

（花材請放大 140%，花圈是原寸大）
- 除指定處之外，花圈的繡線與花材相同。
- ⑤是指 5 號繡線。
- 除指定處之外，25 號繡線皆為 3 股。
- 釘線繡是同色的 25 號繡線 1 股。

118 法國結粒繡
綁成蝴蝶結
再縫上

PAGE 34

林奈與野花的對話

｜材料（林奈的老家）｜

線材 —〔COSMO繡線25號〕灰色895・綠色119、324、326・黃色701

布料 — 米白色亞麻布30 × 25cm・貼布繡用的黃色、黃綠色絹紗少許

其他 — 布襯30 × 25cm・雙面膠襯少許

完成尺寸 — 繡面16 × 13cm

刺繡圖案（原寸大）

・屋頂的草是 119 與 326，捻合 2 股線，任意地直線繡。
・家是 895，釘線繡 ・1 股。

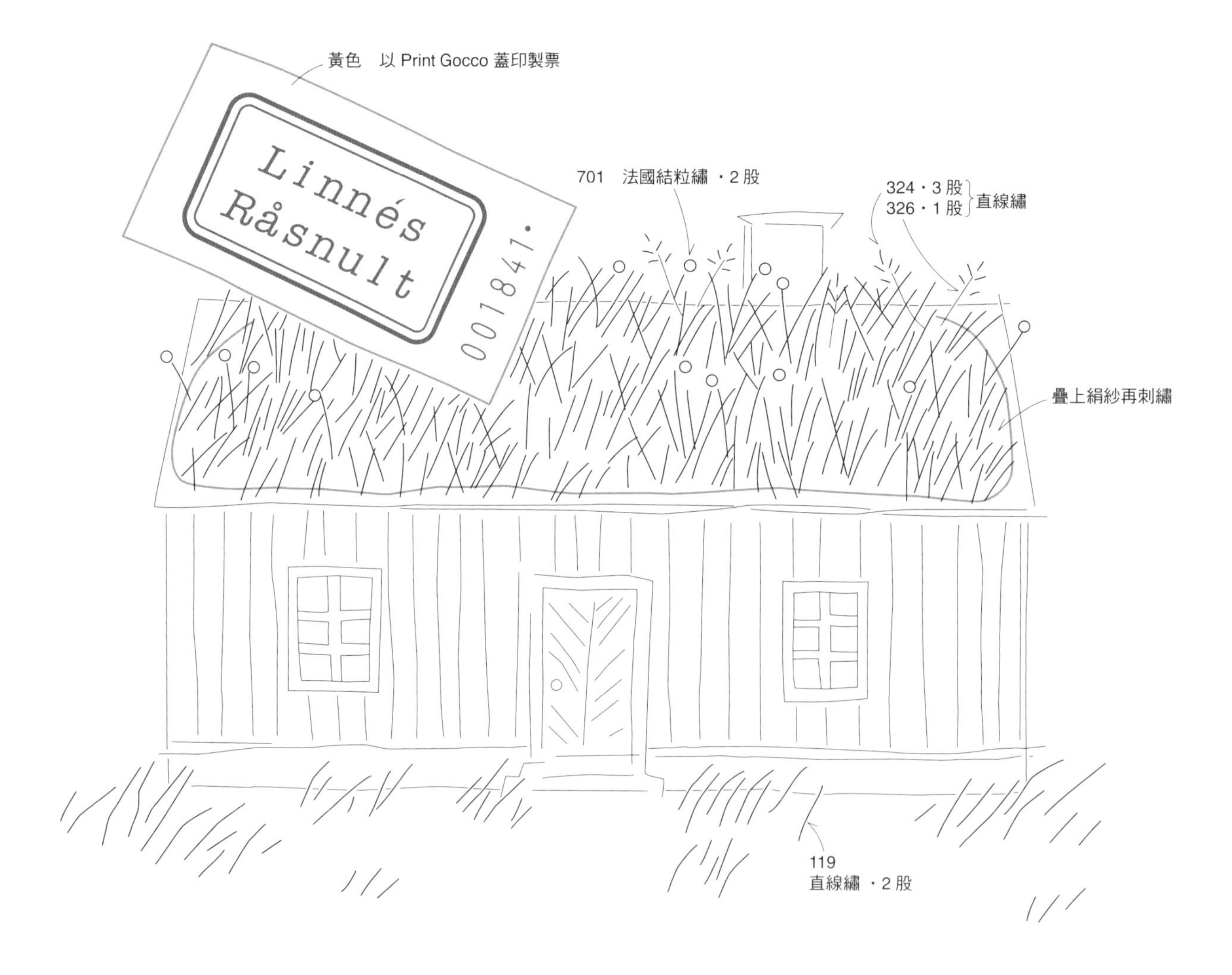

PAGE 34

林奈與野花的對話

｜材料〔林奈肖像〕｜

線材 —〔COSMO繡線25號〕灰色895・綠色118・粉紅色812・咖啡色384

布料 — 米白色亞麻布25 × 30cm・咖啡色絹紗少許

其他 — 布襯25 × 30cm

完成尺寸 — 繡面13 × 16cm

刺繡圖案（原寸大）

- 除指定處之外，繡線是 895，釘線繡 ・1 股。
- 釘線繡是同色的 25 號繡線 1 股。

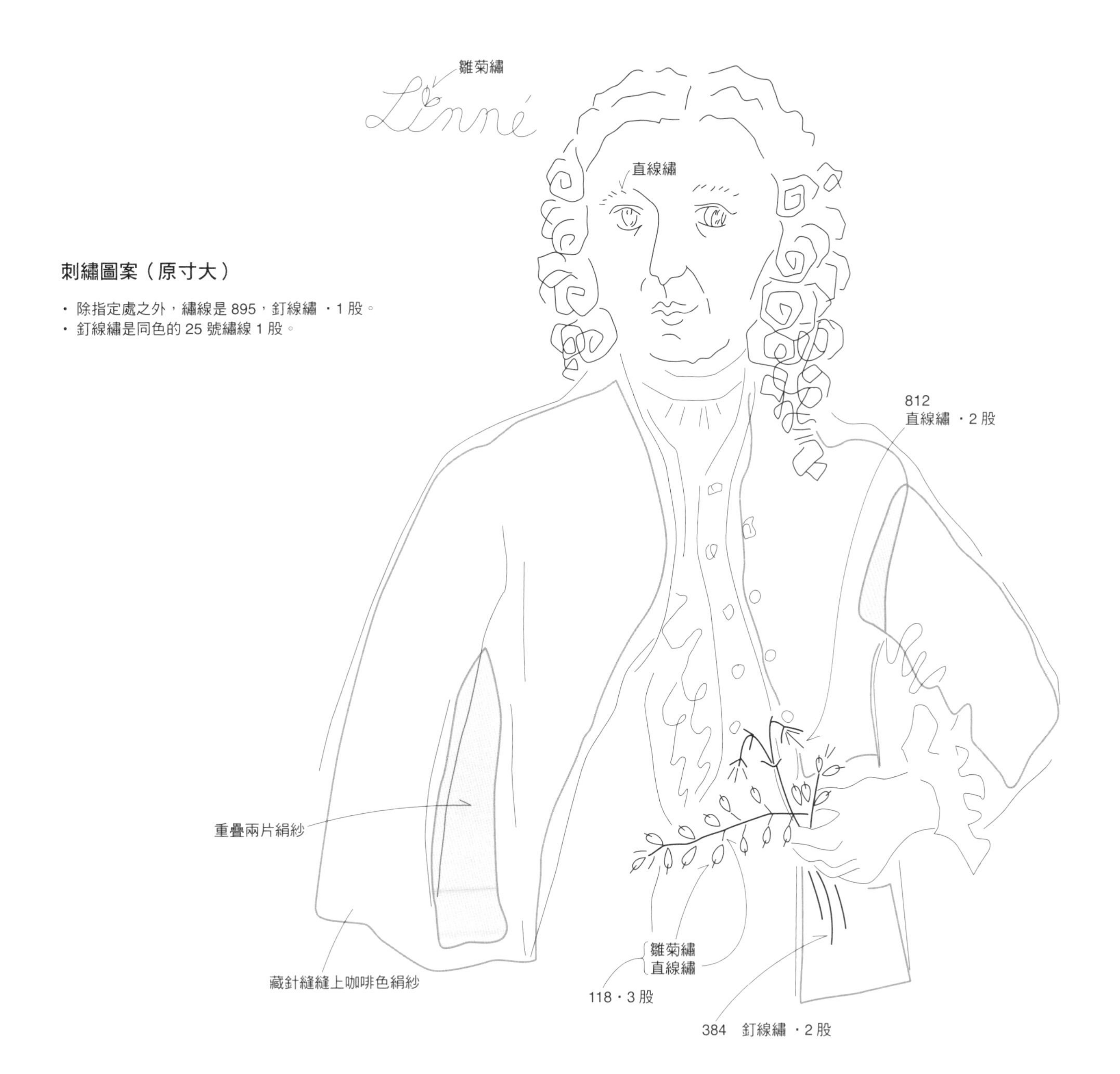

｜材料（五月柱）｜

線材 —〔COSMO繡線25號〕綠色118、119・黃色702・咖啡色2307・藍色214

布料 — 米白色亞麻布25 × 25cm・黃綠色絹紗少許

其他 — 布襯25 × 25cm

完成尺寸 — 繡面6 × 12cm

刺繡圖案（原寸大）

・除指定處之外，繡線皆為3股。

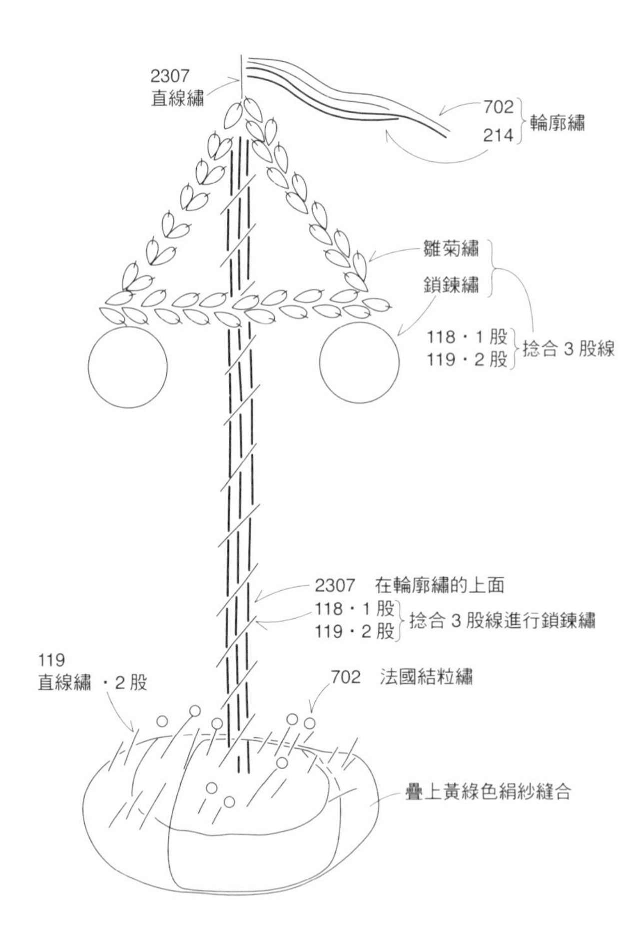

PAGE 35
林奈與野花的對話

｜材料（藥草枕）｜

線材 —〔COSMO繡線25號〕綠色118、119・黃色701、2702・粉紅色2222・紫色173、2663・咖啡色425・白色100・灰色153A

布料 — 米色亞麻布45 × 20cm

其他 — 布襯18 × 18cm・寬1cm的山形帶70cm・魔鬼氈少許

完成尺寸 — 16 × 16cm

ONE POINT — 如圖所示，前片、後片各自以藏針縫縫上山形帶，便漂亮地完成裝飾。以熨斗燙出縫份再進行藏針縫。枕頭裡面可以放入喜歡的香草。

尺寸圖

・加上（ ）內為縫份寬，除了指定處之外，縫份皆為 1cm。
・前片貼上布襯，前片、後片四周進行 Z 字型車縫。

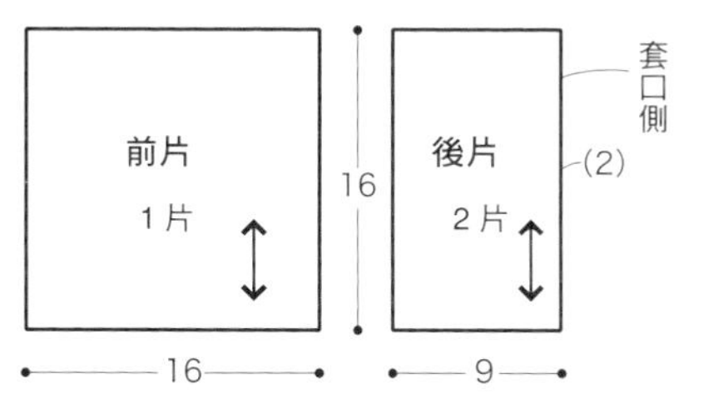

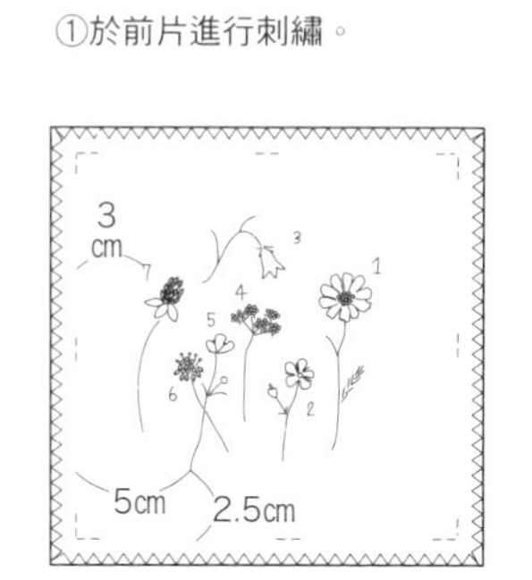

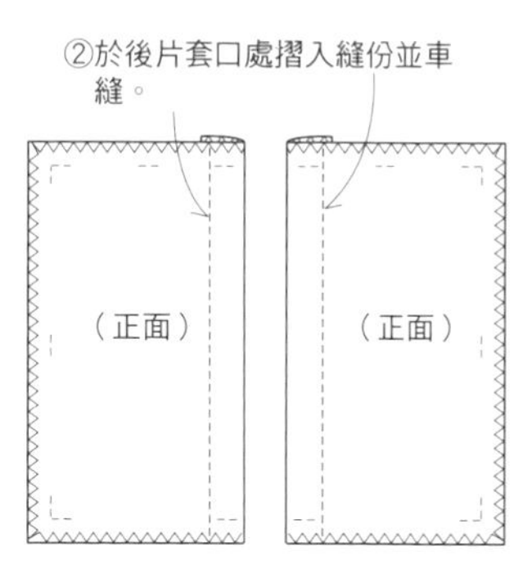

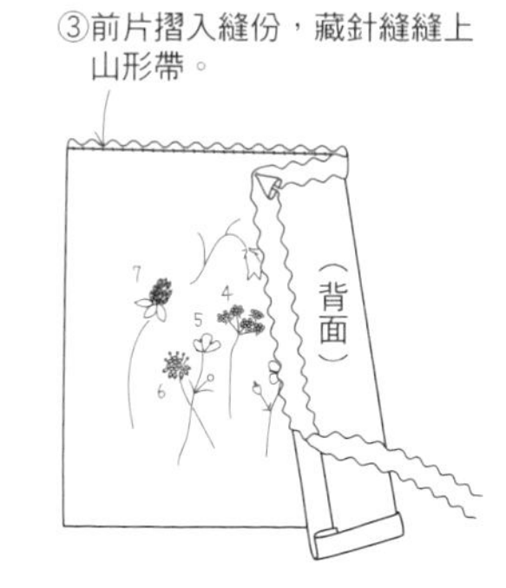

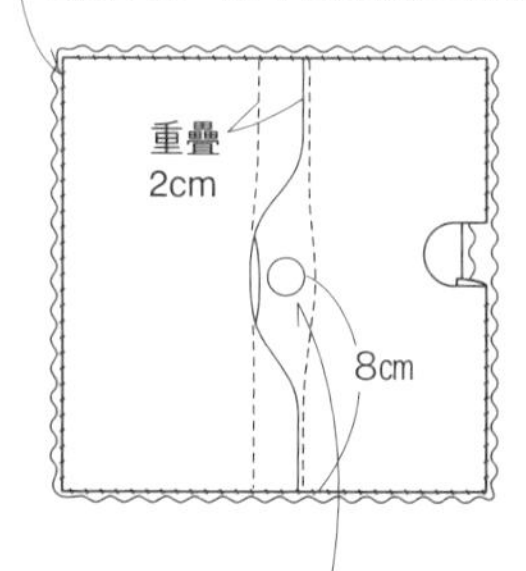

⑤於後片重疊部分藏針縫縫上魔鬼氈（魔鬼氈直徑為 1.5cm）。

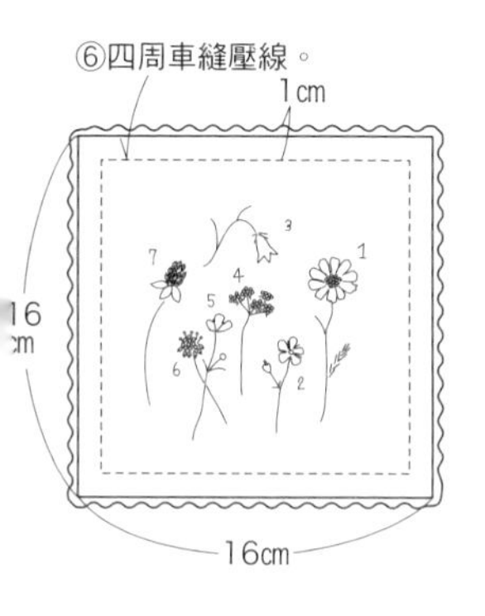

刺繡圖案（原寸大）

・除指定處之外，繡線皆為 3 股。
・釘線繡是同色的 25 號繡線 1 股。
・除指定處之外，花莖部分以繡線 118 進行輪廓繡。
・數字部分以繡線 153A・2 股進行釘線繡。

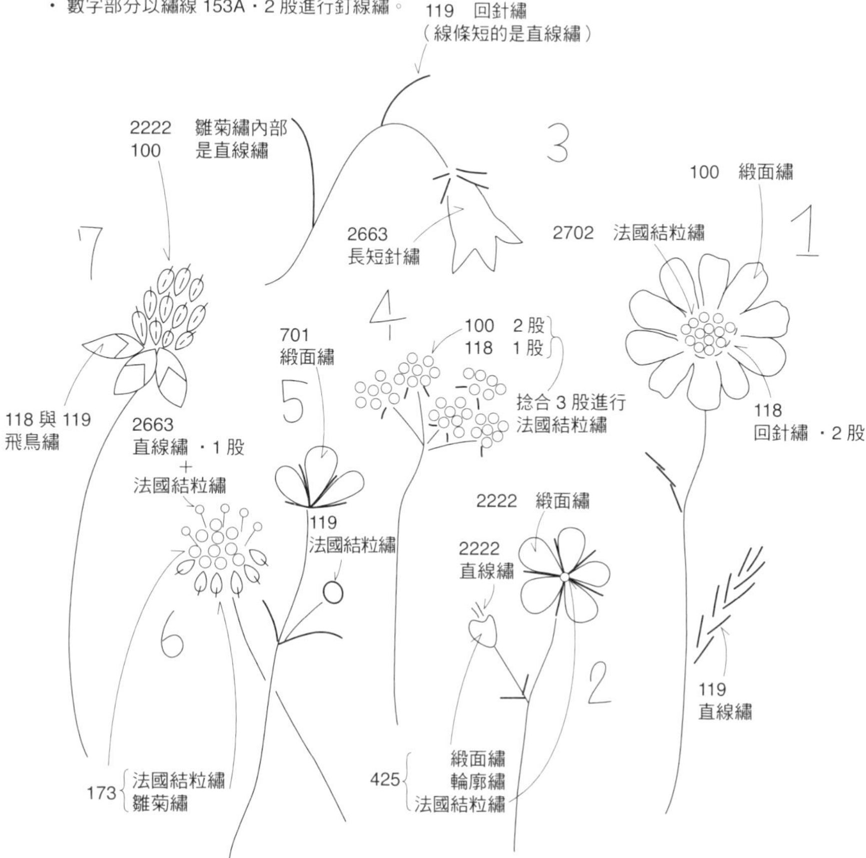

喬布斯工房的布

｜材料（大鑲板）｜

線材 —〔COSMO繡線25號〕綠色118、119・灰色153A 〔5號〕綠色118

布料 — 米色亞麻布60 × 50cm・貼布繡用布適量・布邊

其他 — 布襯60 × 50cm・雙面膠襯

完成尺寸 — 繡面30 × 35cm

刺繡圖案（原寸大）

- ⑤是指 5 號繡線。
- 除指定處之外，25 號繡線皆為 3 股。
- 釘線繡是同色的 25 號繡線 1 股。

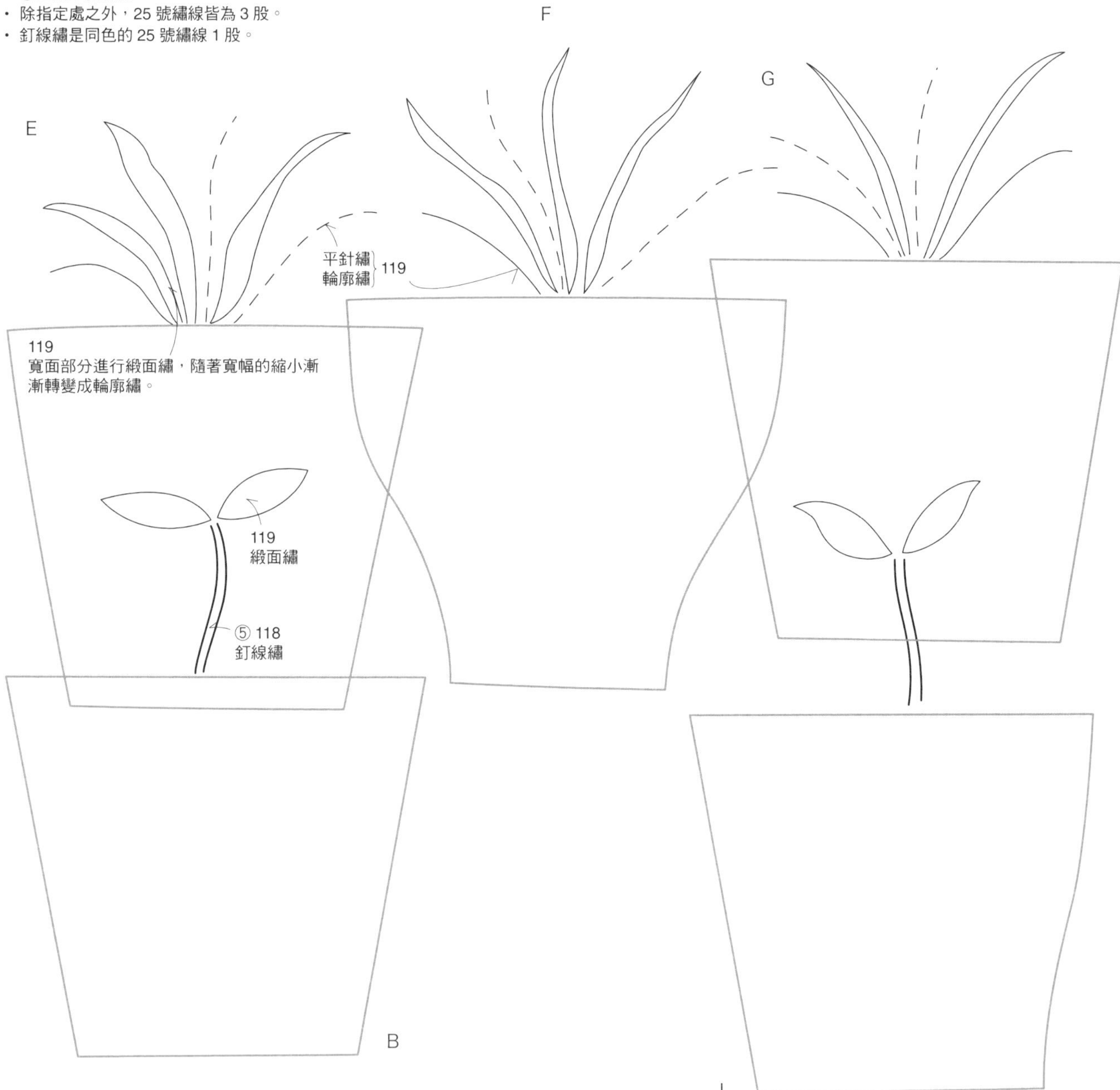

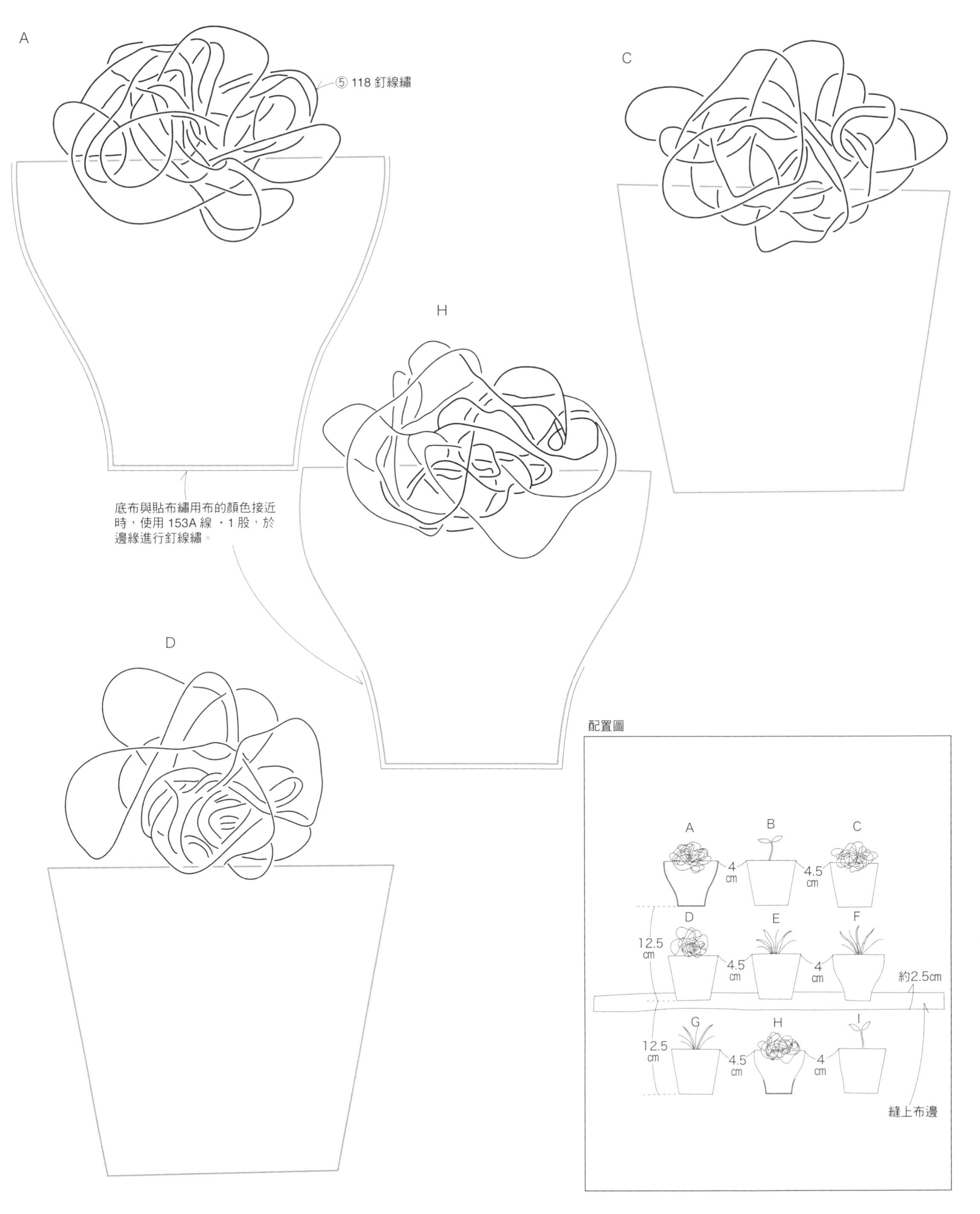
A
⑤ 118 釘線繡
C
H
底布與貼布繡用布的顏色接近時，使用 153A 線 ・1 股，於邊緣進行釘線繡。
D
配置圖
A
B
C
4 cm
4.5 cm
D
E
F
12.5 cm
4.5 cm
4 cm
約2.5cm
G
H
I
12.5 cm
4.5 cm
4 cm
縫上布邊

PAGE 37
喬布斯工房的布

｜材料（小鑲板）｜

線材 —〔COSMO繡線25號〕綠色325A、326、2323・粉紅色503・黃色702　〔麻線〕綠色82

布料 — 白色亞麻布30 × 30cm・綠色亞麻布・絹紗・貼布繡用布・黃綠色蟬翼紗各少許

其他 — 布襯30 × 30cm・雙面膠襯・厚紙板20 × 20cm

完成尺寸 — 20 × 20cm

ONE POINT — 材料與圖案為P.35的粉紅色作品。其餘部分請參考照片與圖案製作。
布料尺寸以厚紙板為基準，各邊增加5cm縫份。

刺繡圖案（原寸大）

・除指定處之外，繡線皆為 3 股。
・草是繡線 325A・2 股與麻線 82，隨意地直線縫。

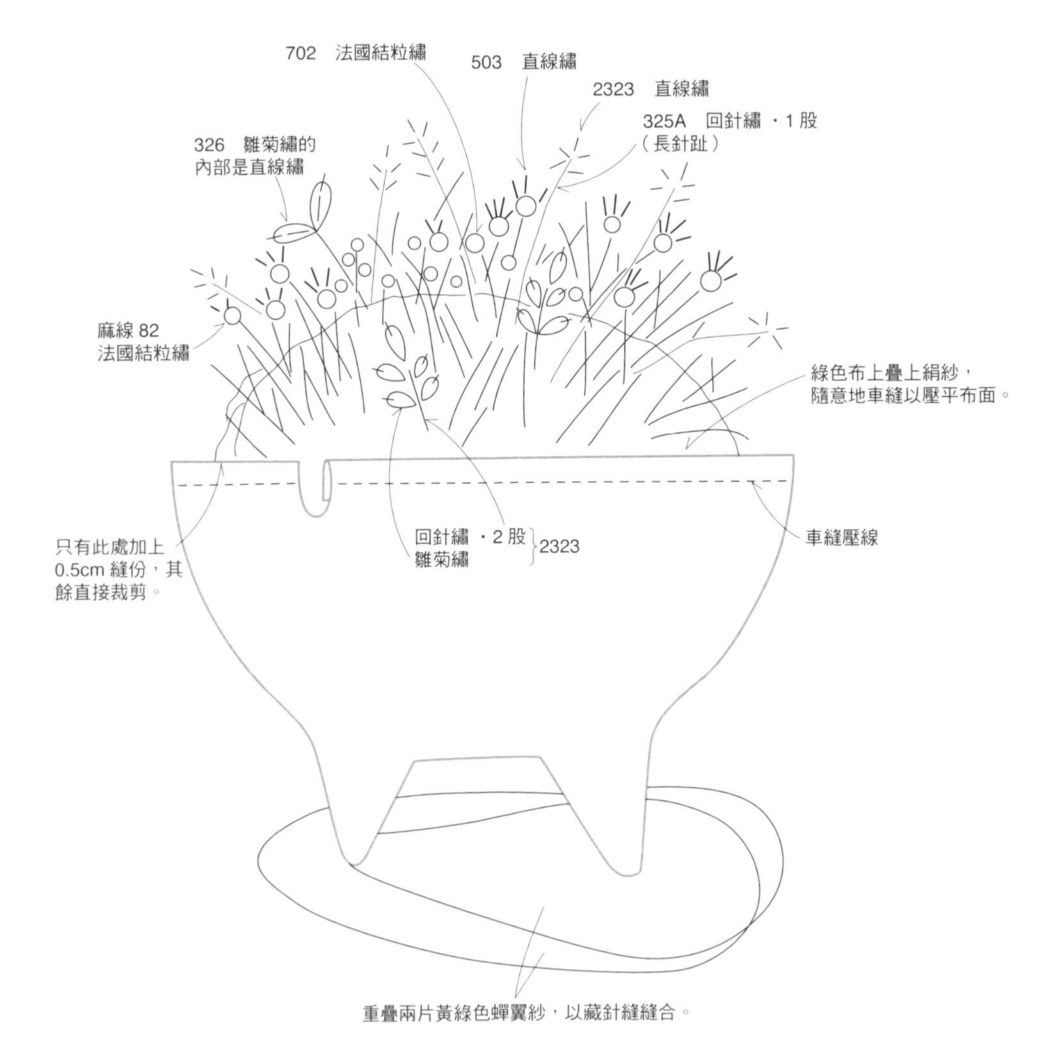

PAGE 30

旅行素描

｜材料｜

線材 —〔COSMO繡線25號〕綠色119、318、325A、536、2118、2323、2317・黃色700、2702・紫色263・粉紅色102、652、1105・藍色168・白色365・米色306、307・咖啡色384・紅色108
〔麻線〕綠色82 〔MOKUBA刺繡用緞帶〕No.1540（3.5mm）黃色424

布料 — 米白色亞麻布適量・藍色（長靴）

其他 — 布襯・雙面膠襯（長靴）・綠色絹紗（森林）・葉子墜飾（帽子）

完成尺寸 — 參考圖案

刺繡圖案（原寸大）

- 除指定處之外，25號繡線皆為3股。
- 釘線繡是同色的25號繡線1股。

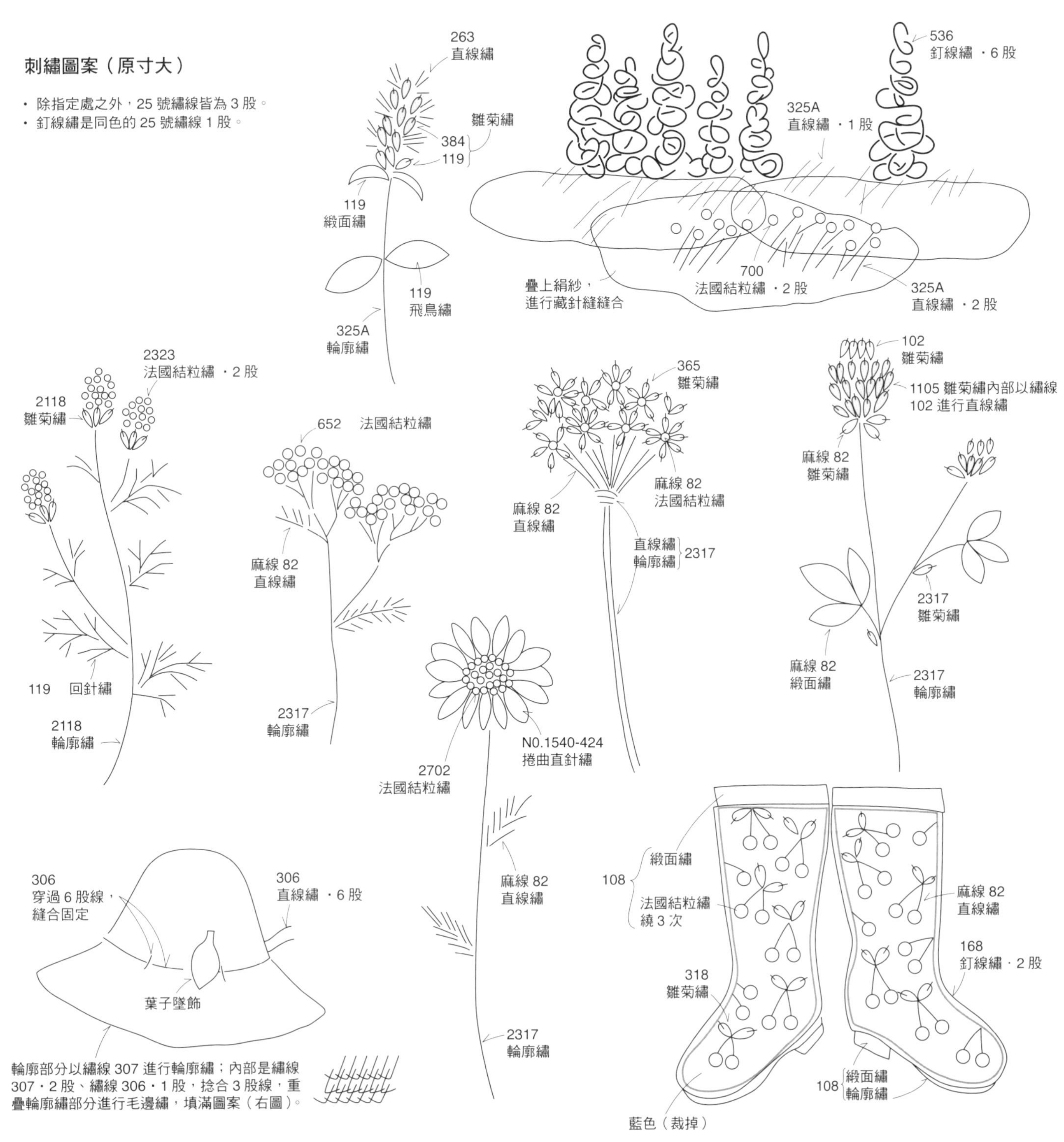

輪廓部分以繡線307進行輪廓繡；內部是繡線307・2股、繡線306・1股，捻合3股線，重疊輪廓繡部分進行毛邊繡，填滿圖案（右圖）。

PAGE 38

小樹枝刺繡作品

| 材料 |

線材 —〔COSMO繡線25號〕米色367、368・黑色600・白色711・橘色128・編織用麻線（細・中）・捆裝用麻繩（粗）

布料 — 白色亞麻布57 × 47cm・原色蟬翼紗少許

其他 — 布襯57 × 47cm・鑰匙墜飾4個

完成尺寸 — 繡面36 × 24cm

刺繡圖案（請放大 200%使用）

- 除指定處之外，英文字母以編織用麻線（細）進行釘線繡，寬邊部分則捻合 3 至 4 股線平行刺繡。
- 釘線繡縫線使用與麻線同色的 25 號繡線 ・1 股。
- 25 號繡線為 3 股。

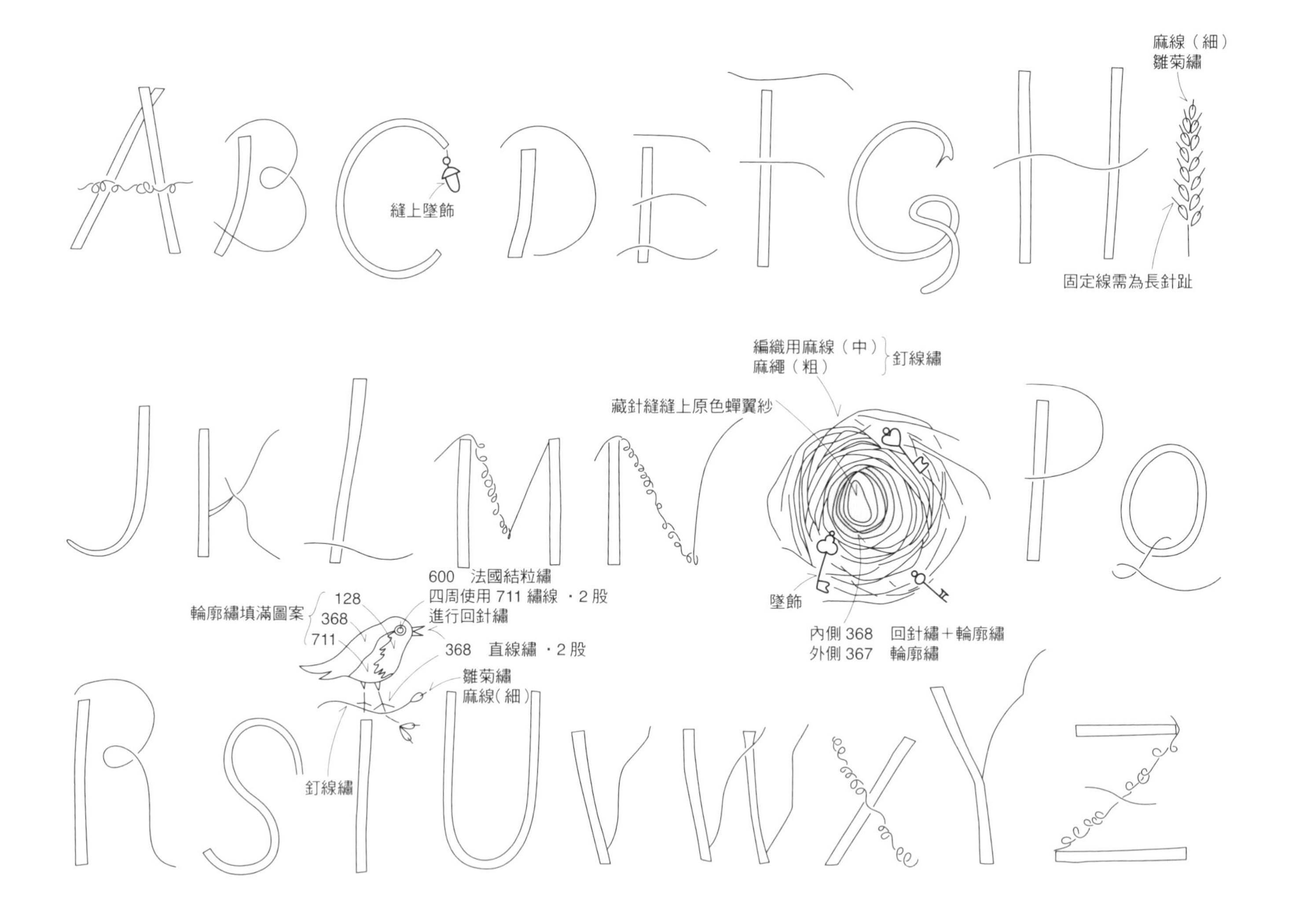

耶誕月曆

｜材料｜

線材 —〔COSMO繡線25號〕紅色858

布料 — 米色半亞麻布90 × 70cm

其他 — 布襯90 × 70cm・寬0.2cm的皮繩、麻繩各2m

完成尺寸 — 8.5 × 9cm

尺寸圖

- 加上（ ）的縫份後裁剪。
- 背面貼上布襯，四周進行 Z 字型車縫。

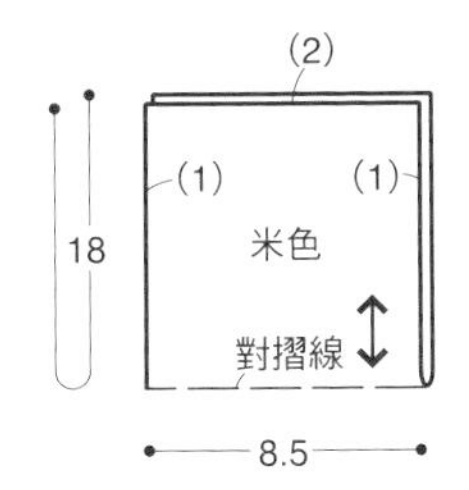

①進行刺繡。

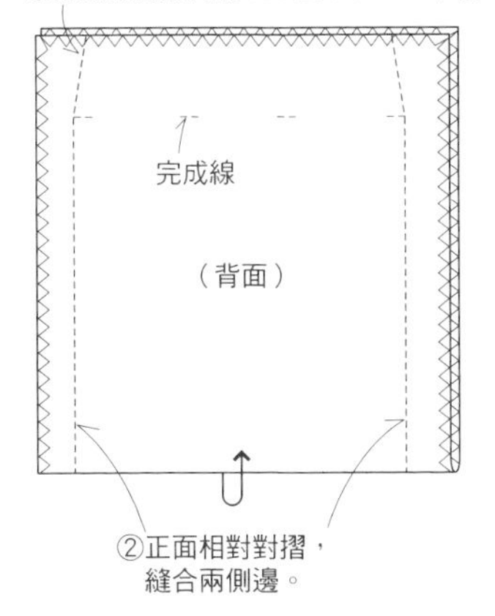

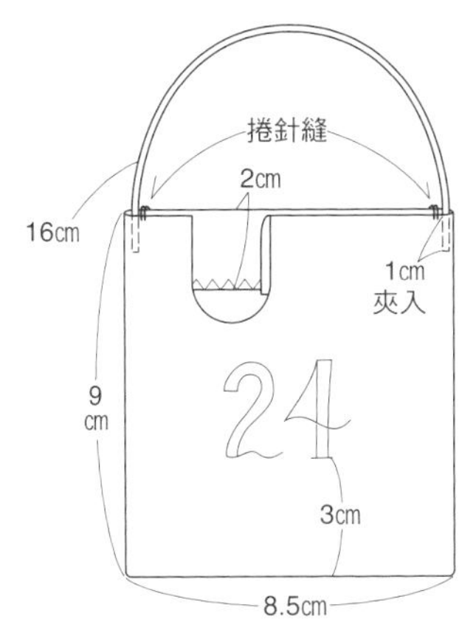

③袋口縫份以熨斗燙齊，翻回正面，皮繩或麻繩塗上接著劑，固定於兩側邊，於內側進行捲針縫。

刺繡圖案（原寸大）

- 以 858 繡線・3 股進行輪廓繡。
  寬邊部分是 3 股繡線平行刺繡。

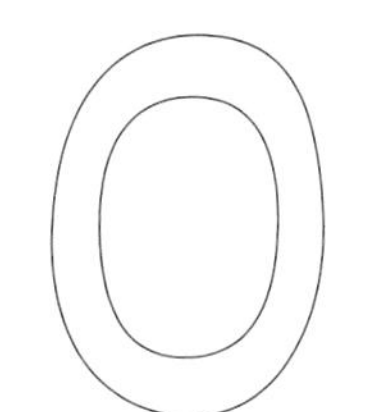

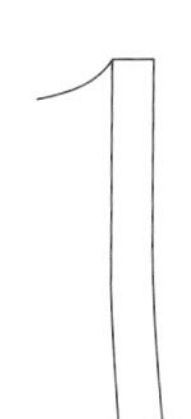

PAGE 44

Yellow & Black Collection

｜材料（Yellow）｜

線材 —〔COSMO繡線25號〕黃色300、700、702、772・咖啡色464、775A・綠色117、325A・米色305・灰色894・紫色2663

布料 — 白色亞麻布25 × 30cm・黃色貼布繡用布少許

其他 — 布襯25 × 30cm・雙面膠襯少許・內徑19 × 25cm的紙畫框・鐵絲#22約10cm、#16約5cm

完成尺寸 — 繡面16 × 17cm

刺繡圖案（原寸大）

- 除指定處之外，25 號繡線皆為 3 股。
- 釘線繡是同色的 25 號繡線 1 股。
- 除了指定處之外，皆為緞面繡。
- 鐵絲使用釣魚線以釘線繡固定。

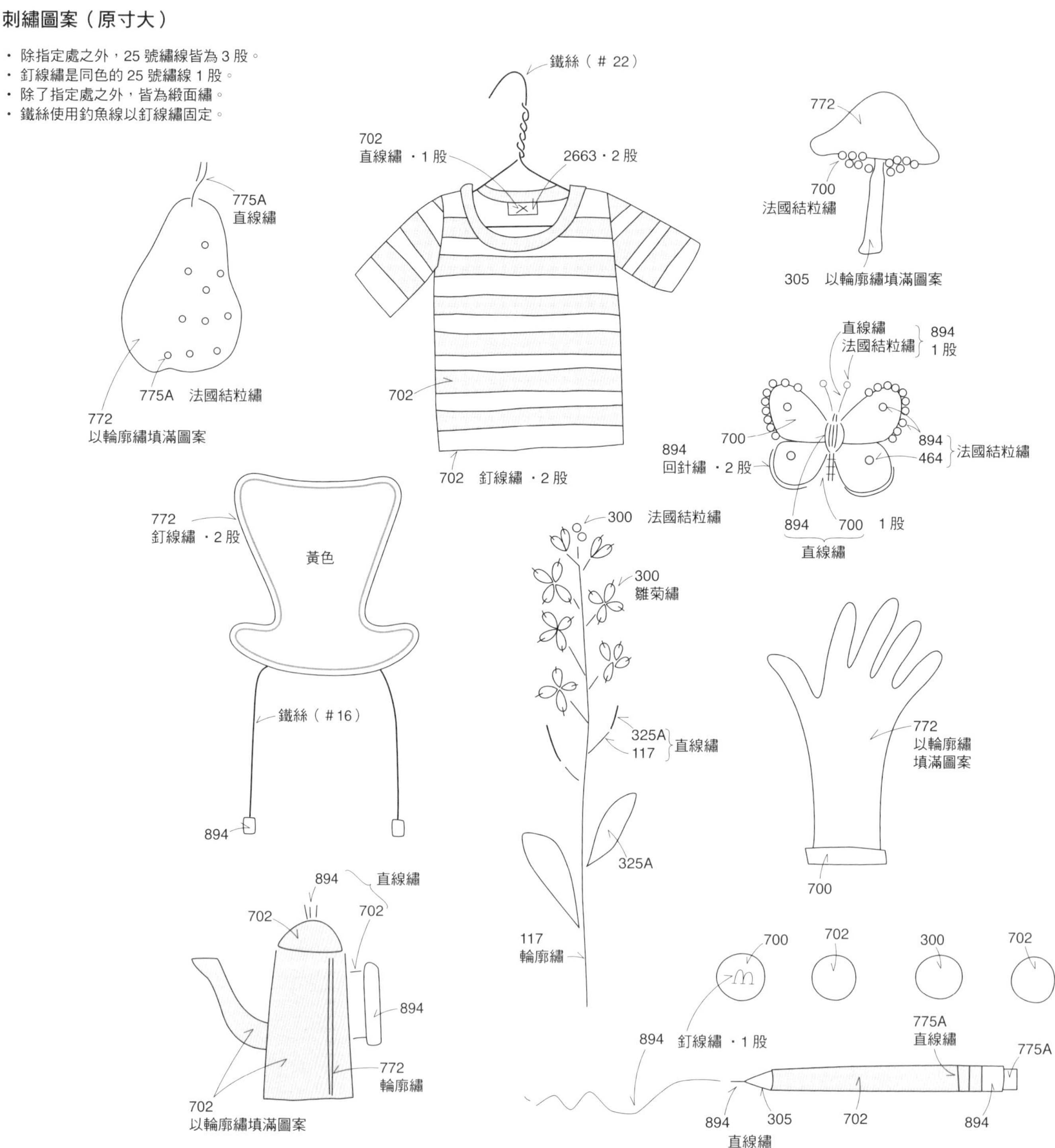

PAGE 45

Yellow & Black Collection

｜材料（Black）｜

線材 —〔COSMO繡線25號〕黑色600・白色711　〔麻線〕黑色16

布料 — 灰色亞麻布25 × 30cm・黑色貼布繡用布少許

其他 — 布襯25 × 30cm・雙面膠襯少許・內徑19 × 25cm的紙畫框・#16鐵絲約10cm・直徑1.8cm鈕釦1個・銀色鋁罐少許

完成尺寸 — 繡面15 × 20cm

ONE POINT — 使用鋒利的剪刀剪鋁罐，但請注意安全。

刺繡圖案（原寸大）

- 除指定處之外，繡線皆為 3 股。
- 除指定處之外皆為緞面繡。
- 釘線繡是同色的 25 號繡線 1 股。
- 鐵絲使用釣魚線以釘線繡固定。

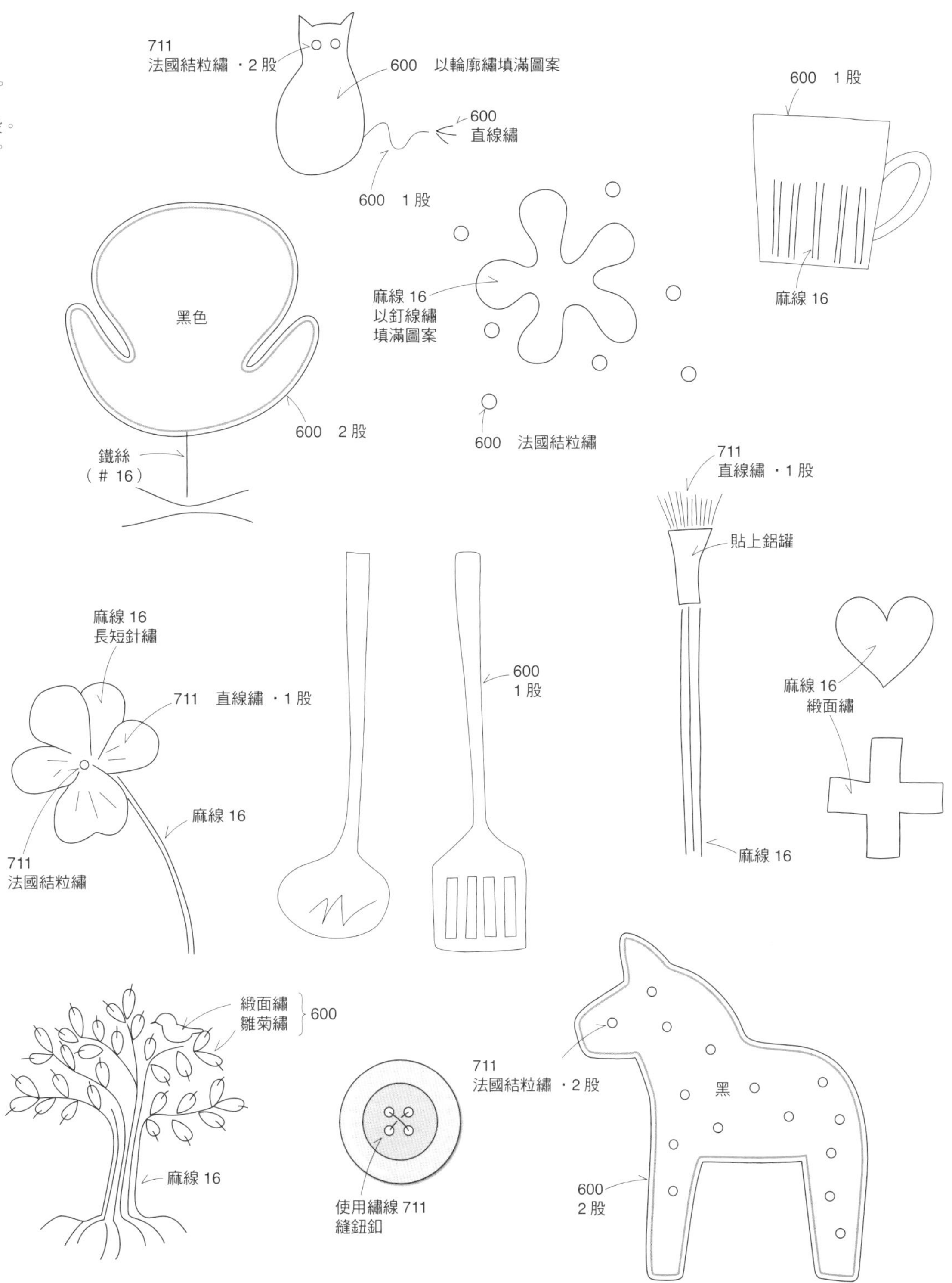

【Fun手作】52

青木和子の
自然風花草刺繡圖案集（新裝版）

作　　者／青木和子
譯　　者／黃瓊仙
發 行 人／詹慶和
總 編 輯／蔡麗玲
執行編輯／陳姿伶
編　　輯／蔡毓玲・劉蕙寧・黃璟安・李佳穎・李宛真
封面設計／韓欣恬
內頁排版／陳麗娜・周盈汝
出 版 者／雅書堂文化事業有限公司
郵撥帳號／18225950 戶名：雅書堂文化事業有限公司
地　　址／新北市板橋區板新路206號3樓
網　　址／www.elegantbooks.com.tw
電子郵件／elegant.books@msa.hinet.net
電　　話／(02)8952-4078
傳　　真／(02)8952-4084

2016年11月二版一刷　定價 350 元

HANA NO DESIGN NOTE

Original published in Japan by Shufunotomo Co., Ltd.
Traditional rights arranged with Shufunotomo Co., Ltd.
through Keio Cultural Enterprise Co., Ltd.

總　經　銷／朝日文化事業有限公司
進退貨地址／235新北市中和區橋安街15巷1號7樓
電　　　話／（02）2249-7714
傳　　　真／（02）2249-8715

國家圖書館出版品預行編目(CIP)資料

青木和子の自然風花草刺繡圖案集 / 青木和子著；黃瓊仙 譯.
-- 二版. -- 新北市 : 雅書堂文化, 2016.11
面； 公分. -- (Fun手作 ;52)
ISBN 978-986-302-334-0(平裝)

1.刺繡　2.手工藝　3.圖案

426.2　　105018569

作者介紹

青木和子

自由刺繡家，擅長將庭院、花朵、原野，以及隱身其中的小昆蟲、小動物全部化成刺繡作品的圖案。其作品充滿想像力與獨特性，吸引了許多粉絲注意。近年來，和法國製造商合作開發刺繡作品材料包並於全球上市，此舉讓青木老師的活動領域朝全球化發展。不止刺繡和手作類書籍，園藝類雜誌也經常刊登其作品，將刺繡與庭園聯結在一起的創意模式，深受歡迎。著作有《青木和子的刺繡生活・玫瑰盛開的庭園》、《嚮往的小庭園》（以上二書為主婦之友社出版）等等。

攝影／山本正樹
Book Design／天野美保子
Styling／大原久美子
繪圖／ day studio大樂里美
企畫編輯／梶山智子・山本晶子
責任編輯／森信千夏（主婦之友社）

Special Thanks
市村美佳子（花藝設計家）
http：//velvetyellow.jp
jobs（jobs瑞典語與英語官網）
http://www.jobshandtryck.se/

參考文獻

『フィールドベスト図鑑2　日本の野草　夏』学習研究社
『カール・フォン・リンネ』　グンナル・ブルーベリィ
スウェーデン文化交流協会
THE GARDEN PLANT SERIES
『PERENNIALS 1』
『PERENNIALS 2』
『BULBS』
『ANNUALS』 Roger Phillips&Martyn Rix.

青木和子的英國原野花草集

把大自然美麗的花草，以色澤漂亮的繡線，一針一線繡下來！
當你看到路邊的、原野的、庭園的花草，
請先簡單的做筆記，繪出形狀，
再用心的將它們一一以刺繡的形式呈現出來。
刺繡時一定要有耐心，絕對不能急，才能繡出花草最美的姿態，
把瞬間的感動、難忘的記憶永久地留存下來。

彩色+單色・19×24.5公分・平裝
定價：320元

彩色+單色 21×26公分 平裝

定價：280元

一針一線・溫柔手縫包

在悠閒午後時光輕鬆製作60個只屬於自己的創意造型包

以親手縫製，回歸最自然、樸實的手作作法。
有別於工整的車線與精美的成品，
手縫作品或許外觀不甚完美，
但親手縫製的一針一線，
都密實地包含住手作者的心意，
最為直接地傳遞出創作者的能量——
手作的魅力，由此展開。

彩色+單色 19×25.5公分 平裝

定價：380元

我的第一本手縫書（暢銷新裝版）

手作族DIY必學的600個設計 內附525個參考圖樣

花園、玫瑰、園藝、野花、水果、可愛的小花、葉子、香草、樸素的野草秋之韻、果實、蘑菇、愛犬、化妝用品&首飾、籃子、手提包、女鞋、芭蕾課、小夥伴、嬰兒用品、中國風、墨西哥風格、做家務、勞動中的人們、馬戲表演、彩帶和少女、童話人物、雪精靈、字母、日本傳統儀式……
生活中最常見的600多件小事物，在插畫作家高野紀子的創作下變成了美妙的繡縫作品，相信這些創意一定也能激起你的靈感！